干旱区土壤盐渍化遥感监测及评价研究

买买提·沙吾提　　尼格拉·塔什甫拉提　丁建丽　吐尔逊·艾山 ◎著

北京理工大学出版社
BEIJING INSTITUTE OF TECHNOLOGY PRESS

内 容 提 要

本书针对干旱地区土壤盐渍化的监测与评价问题，以地理信息系统、遥感系统、全球定位系统为依托，以传统的野外调查为辅助，实现了对土壤盐渍化进行专题信息提取，综合评价了研究区域土壤盐渍化情况及未来变化趋势，并在此基础上，提出了土壤盐渍化遥感监测结果和预警的网络发布技术及流程，开发了土壤盐渍化多源遥感监测与预警网络传输系统，实现了土壤盐渍化管理图面与数据一体化，使土壤盐渍化信息管理变为动态管理，为干旱区土壤盐渍化问题的解决提供了新的技术手段。

图书在版编目（CIP）数据

干旱区土壤盐渍化遥感监测及评价研究/买买提·沙吾提等著.—北京：北京理工大学出版社，2017.12

ISBN 978-7-5682-5013-9

Ⅰ.①干… Ⅱ.①买… Ⅲ.①遥感技术－应用－干旱区－盐碱土改良 Ⅳ.①S156.4

中国版本图书馆CIP数据核字(2017)第294448号

出版发行/北京理工大学出版社有限责任公司
社　　址/北京市海淀区中关村南大街5号
邮　　编/100081
电　　话/（010）68914775（总编室）
　　　　　（010）82562903（教材售后服务热线）
　　　　　（010）68948351（其他图书服务热线）
网　　址/http://www.bitpress.com.cn
经　　销/全国各地新华书店
印　　刷/北京紫瑞利印刷有限公司
开　　本/710毫米×1000毫米　1/16
印　　张/9.5　　　　　　　　　　　　　　　　　责任编辑/刘永兵
字　　数/188千字　　　　　　　　　　　　　　　文案编辑/刘永兵
版　　次/2018年3月第1版　2018年3月第1次印刷　责任校对/周瑞红
定　　价/58.00元　　　　　　　　　　　　　　　责任印制/边心超

前 言 Preface

土壤盐渍化是指在特定气候、水文地质、地形地貌及土壤质地等自然因素综合作用下，由于不合理的人类活动与脆弱的生态环境相互影响而引起的土地质量退化的过程。盐渍化通常出现在干旱、半干旱地区，是荒漠化和土地退化的主要类型。盐渍土是地球陆地上分布广泛的一种土壤类型。我国盐渍地分布面积大、范围广，现有耕地中盐渍化面积达到 $9.209 \times 10^6\,hm^2$，占全国耕地总面积的 6.62%，而且还在不断增加。

新疆是我国重要的农业大区，多年来，新疆水土开发和绿洲建设取得了辉煌成就。但是种种不合理开发，尤其是水资源的不合理利用，加上特殊的干旱气候条件造成了新疆盐渍地分布范围非常广。新疆盐渍地总面积约为 $8.476 \times 10^6\,hm^2$，现有耕地面积的31.1%受到盐渍化危害，而且所含矿物质种类多，被科学家称为"世界盐渍土的博物馆"。另外，当前新疆的土壤盐渍化治理资料，如作物、水分、盐分、土壤、气候等资料的数字化、智能化，以及计算机决策自动化技术基础研究薄弱，还存在着传输时效差、传播不畅、信息覆盖面有限、受各种制约条件限制等问题。

获取区域土壤盐渍化状况的传统方法是野外土壤调查分析，其不仅费时、费力，而且测点少、代表性差，无法实现大面积实时动态监测。近年来，国内外大量实践表明，利用遥感技术监测土壤盐渍化不仅省时、省力，而且具有快速、宏观、动态等特点，具有其他手段不可替代的优越性。随着空间遥感技术的进一步发展，出现了多平台、多时相、多源、高分辨率的遥感信息获取途径。所以，利用遥感技术监测盐渍化土壤的性质、面积、程度、地理分布、时空变化及其治理、防止扩散等工作具有重要意义。但是如何充分挖掘多源遥感数据的优势，如何把新的理论和方法应用于土壤盐渍化信息提取，进一步完善提取方法，提高监测精度，逐步从研究开发阶段发展到实际应用阶段，成为未来土壤盐渍化遥感监测工作的重点。

《干旱区土壤盐渍化遥感监测及评价研究》针对干旱地区土壤盐渍化的监测与评价问题，以地理信息系统、遥感系统、全球定位系统为依托，以传统的野外调查为辅助，实现了对土壤盐渍化进行专题信息提取，综合评价了研究区域土壤盐渍化情况及未来变化趋势，并在此基础上，提出了土壤盐渍化遥感监测结果和预警的网络发布技术及流程，开发了土壤盐渍化多源遥感监测与预警网络传输系统，实现了土壤盐渍化管理图面与数据一体化，使土壤盐渍化信息管理变为动态管理，为干旱区土壤盐渍化问题的解决提供了新的技术手段。

　　本专著是在国家自然科学基金项目"干旱区盐渍化土壤热红外发射率特性及其含盐量反演研究"（41361016）、"干旱区土壤盐渍化多源遥感监测与预警网络传输系统研究"（40901163）、"新疆绿洲水盐运移情景模拟数据同化研究"、"土壤盐渍化水盐遥感监测最优尺度研究"（41761077），以及新疆维吾尔自治区高校科研计划项目"基于多源遥感信息的干旱区土壤盐渍化监测和危险度评价研究"（XJEDU2011S07）和新疆维吾尔自治区科技厅项目"干旱区土壤盐渍化灾害遥感监测及其预警体系设计研究"（2014KL005）等共同资助下完成的，对这些项目的资助表示感谢！

　　笔者在撰写本书的过程中，得到了努尔拜•阿布都沙勒克教授、瓦哈甫•哈力克教授、郑江华教授、张飞副教授、依力亚斯江•努尔麦麦提博士、孙倩博士等人的大力帮助，他们为本书的顺利出版做出了很大的贡献。同时，本书的完成很大程度上还得益于前人所做的工作，在此一并表示感谢！

　　本书是以笔者多年来积累的第一手实验数据编写的有关干旱区土壤盐渍化遥感监测方法的专著，主要结论和支持数据可靠。但因遥感技术是一项新技术，综合性强，涉及学科多，覆盖面广；同时，也限于笔者的学识水平，还有不少科学问题需要进一步研究和探索。编写组历时3年，科学审慎，增删多次，但疏漏之处在所难免，恳请有关专家与读者批评指正。

著　者

目 录 Contents

第一章 渭—库绿洲土壤盐渍化概况及问题的提出

第一节 渭—库绿洲概况

一、地理位置

渭干河—库车河三角洲绿洲(简称渭—库绿洲)位于天山南麓、塔里木盆地中北部,经纬度范围为$80°38'E\sim83°58'E$、$41°05'N\sim41°41'N$。该区域是一个典型而完整的扇形平原绿洲,在行政上隶属阿克苏地区管辖,包括库车县、沙雅县和新和县三个县。本研究区域示意如图1-1所示。

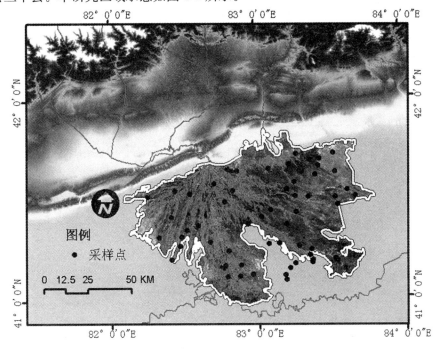

图1-1 渭干河—库车河流域示意图

二、地形地貌

从地貌上来看，渭—库绿洲北部是天山山脉，是绿洲的主要水源地；中部是以秋里塔格山为主的长期侵蚀的低山和残丘，呈东西向断续分布；南部是冲洪积平原，主要为平原绿洲、沙漠（塔克拉玛干沙漠）和戈壁。该区域地形北高南低，由西北向东南倾斜，地形坡降为 1‰～4‰，海拔为 920～1 100 m。

由于渭干河和库车河流至的径流散失区的山麓戈壁及山前平原地带，分布白垩纪到第三纪的盐岩、石膏，在原地长期风化剥蚀后，经地下水和地表水向平原搬运，使风化壳和土壤母质中普遍含盐，成为土壤盐分的主要来源。

三、气候与水文状况

渭—库绿洲属大陆性暖温带干旱气候。其主要特点是夏季酷热，冬季寒冷，日照充足，热量丰富，降水稀少，蒸发量大，气候干燥，昼夜温差、年温差都很大，气温变化剧烈。由于空气干燥，大气透明度高，云层遮蔽稀少，因此光热资源丰富。

根据渭—库绿洲气象资料（表1-1），各县历年平均温度都在 10 ℃以上，绿洲全年平均气温为 10.8 ℃，多年平均降雨量为 65 mm，多年平均干旱指数高达 20.2，是一个典型的干旱区。渭—库绿洲北部气温低于平原区，这主要是由于海拔的差异造成的。这种干旱少雨、蒸发强烈的独特气候，使得土壤中的盐分随着蒸发而不断向地表迁移聚集，最终造成该区域的土壤盐渍化。从表中可以看出，库车县的干旱指数最高，沙雅县次之，新和县最低，分别为 21.8、21.6、17.3。

表 1-1　渭—库绿洲气象站气温、蒸发量和降水量统计表

站名	建站年份	平均气温/℃	高程/m	水面蒸发		降雨量/mm	干旱指数
				E20/mm	E0/mm		
库车	1951	11.5	1 081.9	2 468.6	1 506.0	69.1	21.8
新和	1960	10.3	1 013.7	1 927.0	1 175.0	68.0	17.3
沙雅	1960	10.8	980.4	2 050.0	1 250.0	58.0	21.6
整个绿洲		10.8	1 025.3	2 148.5	1 310.3	65.0	20.2

该区域自北向南大致可分为三个气候区域：①绿洲北部山前地形高，海拔为 1 700 m 以上，热量短缺，无霜期短，但降水充沛，地域广阔，水草丰美，以牧业经济为主；②绿洲平原北部，无霜期长，降水稀少，光照丰富，热量充足，适宜

蔬菜、棉花、玉米、瓜果等喜温作物生长；③绿洲平原南部、渭干河和塔里木河农区，地势低洼，南受塔克拉玛干沙漠影响，冬季寒冷，夏季炎热，日照充足，热量充沛，对于棉花、粮食等农作物的生长较为有利。

构成地表水径流量的主要河流有渭干河、库车河、塔里木河三条河流。其中库车河年径流量为 3.575 亿 m^3，渭干河年径流量为 22.34 亿 m^3，塔里木河年径流量为 43.88 亿 m^3，具体见表 1-2。1954—1999 年绿洲地表径流量变化趋势如图 1-2 所示。从图中可以看出，从 20 世纪 50 年代末到 80 年代末，绿洲地表径流量变化呈显著减少趋势，但是 20 世纪 90 年代初期到 90 年代中后期呈现递增趋势。总体上，绿洲地表径流量具有较明显的时间变化特征，即先降后增趋势。近 50 年来，该区域在水资源的大量开发利用过程中，地表水与地下水之间联系密切、相互转化频繁，加上该区域水文情势的改变，为地下水和地表水的水化学特性带来了显著的变化。地下水与地表水水体矿化度大幅度增加是最为明显的特征之一。塔里木河灌区潜水和承压水的矿化度较高，为 3～5 g/L，局部区域可达 7 g/L，因此，塔里木河灌区地下水大部分不宜开发利用。根据前人的研究，20 世纪 50 年代，塔里木河是一条淡水河，矿化度约为 0.8 g/L；到了 70 年代后期，根据沙雅县新其满站检测资料，矿化度已增加到 1.97 g/L；到 80 年代后期，矿化度已增加到 3 g/L，将近 30 多年前的 4 倍；1998 年 3、4、6 月份，矿化度分别为 6.087 g/L、8.325 g/L、11 g/L，已成为咸水河。1958 年以前，渭干河和库车河水的矿化度都小于 0.5 g/L，现已经增加到 0.8 g/L。根据渭干河上游黑孜水库的水质资料，近 11 年水库水的矿化度以 10.5 mg/(L·a) 的速度增加。近 24 年以来，SO_4^{2-}、氯硫合计浓度以及矿化度都呈明显升高趋势。由此可以看出，该区域主要河流的水质经历了逐渐矿化的过程。

表 1-2　研究区域主要河流基本情况

名　称	年径流量 /($10^8 m^3$)	流程 /km	积水面积 /km^2	平均流量 /($m^3 \cdot s^{-1}$)	最大流量 /($m^3 \cdot s^{-1}$)	最小流量 /($m^3 \cdot s^{-1}$)
库车河	3.575	221	2 956	10.98	1 940	0.62
渭干河	22.34	452	16 784	70.7	1 840	14.1
塔里木河	43.88	220(沙雅县境内)		139.1		

四、土壤、土地利用类型

渭—库绿洲土壤类型主要有盐化潮土、灌溉草甸土、灌溉沼泽土、灌溉草甸盐土等。从地形地貌来说，这些土壤主要分布在老河床、河滩地以及冲洪积三角洲平原下部的低洼处。

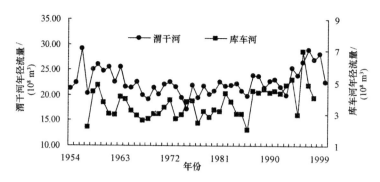

图 1-2　渭干河—库车河年径流量变化趋势

在渭干河、塔里木河的傍水地带，芦苇生长繁茂，甘草、红柳、大芸、骆驼刺随处可见；在平坦的荒漠、半荒漠地带，白刺、假木贼、碱荒草隐现在荒漠之中。罗布麻是塔里木河分布广、产量高的野生植物。其中有些植物含有大量可溶性盐分，残落物和残体经矿化分解归入土壤，可加剧土壤积盐过程。

渭—库绿洲范围包括库车、新河、沙雅三个县，这三个县的土地总面积约为 523.76 万 hm^2，其中大部分是沙漠和戈壁，绿洲面积仅有 56.095 万 hm^2，占总面积的 10.7%。现有灌溉面为 21.026 万 hm^2，耕地面积为 16.02 万 hm^2。

该绿洲主要的土地利用类型为耕地、园地、林地和草地、居民点、水域、交通用地和未利用地等。其中，已利用土地面积为 178.59 万 hm^2，占总面积的 34.1%，未利用土地面积为 345.17 万 hm^2，占总面积的 65.9%。绿洲未利用面积较大，主要是由戈壁、沙漠、盐渍地等组成。

五、社会经济条件

渭—库绿洲总人口从 1949 年的 26.99×10^4 人增加到 1996 年的 66.54×10^4 人。其中，农村人口为 54.20×10^4 人，占总人口的 81.5%；城镇人口为 12.34×10^4 人，占总人口的 18.5%。2000 年人口为 71.41×10^4 人，而现有人口约为 72.0×10^4 人。该区域内经济以种植棉花为主，其次为小麦、玉米、油料作物；工业以林果、畜牧产品加工与民族用品生产为主。由于该区域历史、地理环境、政策等原因，加上较高的农业人口比重，工业化、城市化水平都比较低。该区域以农业为经济支柱，根据 2001 年的统计，该区域内第一、第二、第三产业所占比重分别为 41.46%、18.34%、40.20%。经过 6 年调整和优化产业，到 2007 年区内第一、第二、第三产业所占比重分别为 35.07%、39.71%、25.22%，有了明显的变化。

第二节 研究区域盐渍化产生的原因

一、土壤盐渍化现状

土壤盐渍化通常出现在土壤蒸发强度大、地下水水位高且含有较多的可溶性盐类的干旱、半干旱的平原地区。由于渭—库绿洲各区域的自然和人为因素不同，盐渍地的分布具有较明显的地域差异性，主要表现在盐渍地在绿洲内部和外部的分布不同，在绿洲内部呈条状分布，而在绿洲外部呈片状分布。另外，绿洲内部盐渍化程度较轻，绿洲外部盐渍化程度较严重，在交错带重度盐渍地交错分布在中轻度盐渍地之中。渭—库绿洲的盐渍地分布较广，约为 5 548 km²，从行政区域来看，库车县最多，其次为沙雅县，新河县最少，分别占绿洲盐渍地总面积的45%、40%、15%。

库车县盐渍化耕地主要分布在渭干河流域和库车河流域中下游地段，其中，重度盐渍化耕地主要分布在渭干河流域和库车河流域的尾部，包括库车县的比哈尼喀塔木乡、西巴格乡、墩阔坦镇、阿克斯塘乡、塔里木乡、克其力克农场和二八台农场；中、轻度盐渍化耕地主要分布在渭干河流域和库车河流域的中部，包括乌恰镇、玉其吾斯塘乡、阿拉哈格镇、齐满镇、牙哈镇和乌尊镇。

根据野外调查，结合土壤易溶盐试验成果资料，沙雅县红旗镇以南、新垦农场以北土壤中含盐量一般为 0.40%～8.85%，其中多为中、轻度盐渍化，根据 Cl^- 与 SO_4^{2-} 含量比值评价，其多为氯盐渍土，仅局部地带为硫酸盐渍土。全县重度盐渍化耕地主要分布在塔里木乡、一牧场、托依堡镇、海楼乡、红旗镇；中度盐渍化耕地主要分布在英买力镇、托依堡镇、红旗镇、古力巴克乡、努尔巴克乡、海楼乡；轻度盐渍化耕地主要分布在英买力镇和托依堡镇内。

新和县境内土壤表层可溶性总盐含量为 0.31%～0.69%，多为重度盐渍化土壤。其中，重度盐渍化耕地面积为 285.066 km²，土壤表层可溶性总盐含量为0.40%～0.69%，主要分布在该县境内大部分耕区、渭干河上中游河床两岸的低洼积水地段；中、轻度盐渍化耕地面积为 14.262 km²，土壤表层可溶性总盐含量为 0.31%～0.61%，分布在境内依其艾日克乡地形平坦处、桑塔木农场以东部分区域和渭干河沿岸耕区，地下水水位为 1.5～3.0 m。

二、土壤盐渍化的驱动机制

特殊的干旱气候、地形地貌、土壤质地、水文地质条件等综合作用和人类不合理的活动是导致该区域土壤盐渍化的主要原因。

1. 地质、地貌、土壤质地环境为土地盐渍化奠定了基础

渭干河和库车河流至的径流散失区的山麓戈壁及山前平原地带，分布白垩纪到第三纪的盐岩、石膏，在原地长期风化剥蚀后，经地下水和地表水向平原搬运，使风化壳和土壤母质中普遍含盐，成为土壤盐分的主要来源。由于渭—库绿洲处在戈壁、荒漠、沙漠和秃山包围之中，地貌构成封闭的自然地理环境单元，流经本绿洲的主要河流渭干河、库车河、塔里木河多属于内陆水系，地表水、地下水及灌溉排水将盐分向河流下游平原和三角洲平原搬运汇集。

渭—库绿洲大部分灌区处于冲洪积扇或三角洲地带，土壤质地以轻壤和沙壤为主，地层黏粒含量高、颗粒细，地下水径流不畅，蒸发作用强烈，地下水毛细上升高度大，将盐分携至地表，极易产生积盐。

2. 气候条件决定了土壤盐渍化的必然性

根据渭—库绿洲气象资料，各县历年平均温度都在 10 ℃以上，平均降雨量为 70 mm，多年平均干旱指数高达 20，是典型的干旱区。这种极度干旱的气候，使得含盐高的土壤在强烈的蒸发作用下盐分向土壤表层集聚，发生盐渍化是必然的。从各县的干旱指数来看，库车县的干旱指数为 21.8，为三个县的最高值，沙雅县次之，新和县最低。而库车县的盐渍化指数最高，沙雅县次之，新和县最低。从中可以看出，对于干旱地区来说土壤盐渍化现象与大气降水、蒸发等气候条件有密切的关系。

3. 水环境对土壤盐渍化的作用更为直接

渭干河和冲洪积倾斜平原地下水自北向南流，冲洪积扇的上部(渭干河流域北部)坡度为 1.43%、中部为 0.94%、下部为 0.65%；潜水埋深上部为 4～5 m，下部为 0.5～1.5 m。灌区地下水具有较强的地带性规律，在冲洪积扇的上部，地下水矿化度为 1 g/L；冲洪积扇中部地下水矿化度为 1～3 g/L，下部及扇缘地区地下水矿化度为 5～10 g/L。1958 年以前，渭干河和库车河水的矿化度都小于 0.5 g/L，现已经升高至 0.8 g/L。从中可看出渭干河流域水资源水质变化过程是一个由淡到咸的过程，是不断矿化的过程。

4. 人类不合理活动是土壤盐渍化的现实驱动力

(1)灌排不协调。渭—库绿洲自渭干河和库车河引水量总共为 25.75×10⁸ m³，自塔里木河引水量为 4.3×10⁸ m³，有效灌溉面积为 13.071×10⁴ hm²，河水灌区每年每公顷平均随水带入盐分为 22.24 t。位于下游沙雅灌区的新沙总排干渠为新和、沙雅两县的主要排碱渠，其平、枯水期流量约为 3 m³/s，丰水期流量可达 6 m³/s，负担较重，具体表现为流速缓慢、淤积严重、渠水面与潜水水面高度一致等。

(2)肥料质量差。渭—库绿洲多年来一直经营粗放，只种地不养地，导致土壤肥力下降。在 1966 年该地区土壤有机质含量为 1.52%、全氮为 0.078%、有效氮为 72 mg/kg、有效磷为 7.0 mg/kg，到 1980 年土壤有机质含量降至 1.45%、全氮为 0.03%、有效氮为 36 mg/kg、有效磷为 4.0 mg/kg。

（3）盲目开荒，破坏植被。有些本来植被长势较好的草地，表土有 10～15 cm 厚的草根层，但下部是盐碱层，一经翻到地表，就会变成寸草不生的光板地，在水和风的作用下，盐碱还会向周围土壤漫延，扩大盐渍化土壤的面积。据沙雅县 1985—1999 年调查资料显示，全县累计开荒 2×10^4 hm²，撂荒 1×10^4 hm²，沙化草场面积从 2×10^4 hm² 增加到 5.33 万 hm²，盐渍化草场面积从 3.33×10^4 hm² 增加到 8×10^4 hm²。近 5 年间，全县 3 级以上草场面积由 2.33×10^4 hm² 锐减到 0.6×10^4 hm²，减少 75％。库车县和新和县也存在同样的问题。

（4）取柴毁林。渭—库绿洲由于缺少煤矿资源，各族农民的能源来源主要是天然林的红柳、胡杨、梭梭。初步计算，如每户每月木柴使用量按 250 kg 计算，整个绿洲 10.9×10^4 户（50 年平均数）就需要 32.7×10^4 t，按 225t/hm² 出柴量计算，每年需砍伐 1 453 hm²，50 年共砍伐 7.27×10^4 hm²。所以，群众取柴是胡杨林和灌木林减少的主要原因之一。

（5）人口增加。渭—库绿洲现有人口 714 183 人，与 1949 年相比增加 185.68％，人口密度达 13.64 人/km²，超过联合国教科文组织提出的干旱区人口临界指标（7 人/km²），超出环境资源承载能力。

第三节 研究背景与意义

土壤盐渍化是指在特定气候、水文地质、地形地貌及土壤质地等自然因素综合作用下，由于不合理的人类活动和脆弱的生态环境相互影响而引起的土地质量退化的过程。盐渍化通常出现在干旱、半干旱地区，是荒漠化和土地退化的主要类型。盐渍土是地球陆地上分布广泛的一种土壤。中国盐渍地分布面积大、范围广，现有耕地中盐渍地面积达到 920.9×10^4 hm²，占全国耕地面积的 6.62％，而且还在不断增加。我国盐渍地主要分布在 23 个省、自治区、直辖市的平原和盆地，其中西部 6 个省区（陕西、甘肃、宁夏、青海、内蒙古、新疆）盐渍地面积占全国的 69.03％。

新疆是我国重要的农业大区，多年来，水土开发和绿洲建设取得了辉煌成就，但是种种不合理开发，尤其是水资源的不合理利用，加上特殊的干旱气候条件也造成了全疆盐渍地面积扩大，达到 8.476×10^6 hm²，现有耕地面积的 31.1％受到盐渍化危害。新疆的盐渍土所含矿物质种类多，阴离子主要有碳酸盐、重碳酸盐、硫酸盐、氯化物、硫化物、硝酸盐，阳离子主要有钙、镁、钾、钠，被科学家称为"世界盐渍土的博物馆"。

随着人口的增加、耕地面积的不断扩大和水土资源的日益短缺，新疆生态的突出矛盾集中体现为绿洲和荒漠的转化，尤其是绿洲和盐渍地的转化。在大面积盐渍荒地的开发利用过程中，由于大量植被不断遭到破坏和水资源的不合理利用，特别是有些地区的破坏性开发，盐渍化问题日益突出，而南疆地区的情况更为严重，虽在逐步减轻，但总体上并未得到根本遏制，已成为该地区农业发展的主要制约因素之一。盐渍土作为新疆的一种重要土壤资源，迄今为止，尚未得到充分的开发和利用。加强对盐渍化土地的改良和防治，提高科学管理水平，对新疆农业生产发展、国土治理、生态环境保护等具有极其重要的意义。

过去，土壤盐渍化数据是通过野外土壤定点调查的方式得到。这种耗费大量人力、时间，效率低的调查方法不仅难以及时获取反映土壤盐渍化的现状、类型、程度、时空分布和变化特征的信息，也无法实现大面积实时动态监测。随着遥感技术的日益发展，数据获取途径越来越多，应用遥感技术提取土壤盐渍化变化信息具有监测面积大、实时性强、廉价、快速等优点，被广泛应用于土壤盐渍化调查。

近年来，随着盐渍化问题日益严重，各种理论和方法被广泛应用于土壤盐渍化遥感监测中。当前，从遥感影像中提取土壤盐渍化专题信息的方法大致可以分为两种类型：

第一种类型是比较常用和成熟的方法，即研究盐渍化土壤的光谱特征，利用盐渍化土壤与其他地物光谱特征的差异性，通过目视判读或计算机分类方法提取盐渍地信息。但是由于遥感影像表现出来的信息复杂性、不确定性，单纯利用光谱信息来提取土壤盐渍化专题信息具有一定的困难。主要原因在于目前研究土壤盐渍化利用的传感器数据多数是基于光学遥感监测，由于光谱混合以及缺少一些盐渍地种类的特定吸收光谱段，光学遥感的光谱分辨率较低，盐分在土壤中随时间、空间、垂直方向变化复杂，以及土壤理化性质的多样性(土壤表层质地、结壳结构、土色、粗糙度等)对盐渍化遥感探测的干扰作用等。

第二种类型是在利用遥感数据的基础上，结合专家知识，对遥感数据进行 GIS 数据挖掘和知识发现，建立专家系统实现土壤盐渍化信息提取。目前这种方法也逐渐发挥了作用，取得了一定的成果。但是此种方法需要大量常规辅助数据参与专题信息提取，监测精度很大程度上由辅助数据的数量和质量决定，因此，用于基础数据严重缺乏和监测面积较大的干旱地区有一定困难，也不能充分发挥遥感技术在此领域的作用，无法体现遥感的优越性。

随着空间遥感技术的进一步推广，出现了多平台、多时相、多源、高分辨率的遥感信息获取途径，在遥感数据处理、建模和应用分析方面不断得到发展。如何充分挖掘遥感数据的优势，如何把新的理论和方法应用于土壤盐渍化信息提取，进一步完善提取方法，提高监测精度，逐步从研究开发发展到实际应用阶段，成为未来的土壤盐渍化遥感监测工作的重点。

渭一库绿洲位于塔里木盆地的中北部，是一个典型而完整的扇形平原绿洲。该绿洲是新疆的主要产棉区之一，是阿克苏地区最大的灌溉区，也是阿克苏地区新时期的重点开发区。该区域 50 多年来的土地利用活动强烈，土地覆被变化明显，地下水水位高，土地下层构成物颗粒较细，透水性差，造成土壤的盐渍化现象比较普遍，在古河道、河漫滩、泉水溢出带等地下水浅埋区，分布着大面积的盐渍土和耐盐植物。土壤盐渍化是目前该地区阻碍绿洲农业生产发展的最大问题之一。选择这样一个区域进行盐渍化土壤热红外发射率特性及其含盐量的反演研究，并加快技术转化和推广是一项具有现实性、紧迫性和重要性的工作。

目前，新疆地区土壤盐渍化治理资料（如作物、水分、盐分、土壤、气候等）的数字化、智能化和计算机决策自动化技术基础研究薄弱。另外，遥感监测的各种研究结果以及各种决策方案在此方面的研究也比较薄弱，存在着传输时效差、传播不畅、信息覆盖面有限、受各种制约条件限制等问题。但只要各级政府和广大人民群众及时准确地掌握和利用土壤盐渍化预警预报信息，预测评估分析，通过科学合理的调度，有效应急处置，按照既定土壤盐渍化应急预案进行部署，就能最大限度地减少土壤盐渍化的程度。因此，土壤盐渍化预警系统的设计与实现是社会以及广大人民群众能够及时获取这些信息，以减轻和预防土壤盐渍化危害的有效与可靠的途径。

第四节　国内外研究现状及发展

一、国外研究现状分析

20 世纪 70 年代末，随着遥感技术的发展，国外众多专家学者开始注意利用遥感技术提取土壤盐渍化信息，并对其进行了有意义的探索。进入 80 年代，随着遥感传感器的发展和遥感数据处理方法的日益成熟，不少研究人员对盐渍化土壤和盐生植被光谱特征进行分析，尝试利用多光谱遥感数据，采用计算机监督类分类方法提取土壤盐渍化信息，取得了一定研究成果。但是这一时期研究重点还是放在盐渍化土壤的光谱特征分析上，研究内容、研究方法等还不够完善。进入 90 年代，随着空间技术的迅速发展，多平台、多时相、多传感器、多光谱和高空间分辨率的遥感数据开始广泛应用于土壤盐渍化信息提取，但是计算机自动提取信息和分析水平很低，主要是利用目视解译提取盐渍化变化信息，但是研究内容更加广泛，数据处理方法得到进一步发展。

R. S. Dwivedi(1992)从遥感数据处理方法入手，对多波段遥感数据进行波段组合和彩色合成，发现对 Landsat 影像进行标准假彩色合成可以增强盐渍地信息，且第一波段、第三波段和第五波段组合可以达到信息量最大。但是，信息量的大小与盐渍地专题信息的提取精度没有呈正比关系，因此，得出了信息量最大不一定有利于土壤盐渍化信息提取的结论。1995 年，B. R. C. Bao 把盐渍化土壤的光谱特征作为研究重点，专门对盐渍化土壤和其他地物的光谱特征进行了比较分析，发现随着盐渍化程度的增加，盐渍化土壤的光谱反射也增加。在可见光波段(0.39～

0.76 μm)和近红外波段(0.76～0.90 μm)盐渍化土壤的光谱与耕地相比反射更强。另外，在绿光波段(0.52～0.60 μm)和红光波段(0.63～0.69 μm)，太阳高度角、地表覆被类型、土壤水分、土壤质地等因素对盐渍化土壤的光谱有一定的影响。针对光学遥感的不足，澳大利亚的 G. R. Taylor 尝试利用雷达遥感影像监测盐渍化土壤，并对典型地区进行了试验，结果表明雷达遥感的 L 波段数据能够有效地对盐渍化土壤与非盐渍化土壤进行区分。此后，R. S. Dwivedi 和 K. Sreenivas 等人，专门对遥感影像处理方法进行研究，在信息提取中利用主成分和 HIS 融合方法，有效提取了土壤盐渍化信息，评价了研究区域的盐渍化信息动态变化情况。G. I. Metternicht 等人针对 JERS－1 SAR 影像数据的特点，采用模糊分类方法提取土壤盐渍化信息，并编制了研究区域的盐渍地专题地图。Dehaan 等在遥感影像过顶同步时进行野外调查测量 Samphire 等五种典型耐盐植物的光谱，并对其光谱数据进行去噪处理和特征分析，发现在可见光和近红外波段范围，普通的植被光谱与这些盐生植被的光谱具有明显的不同特征。

为了进一步提高遥感监测土壤盐渍化的定量化，S. Silvestri 等开始应用相关性分析及多元回归分析方法，对盐渍地植被进行了尺度分析。D. Wang 等人根据大豆的产量与土壤和水分中的含盐量之间的相关关系，建立了盐渍化程度与大豆的冠层光谱反射的关系模型。由于土壤含盐量与植被类型之间的关系很密切，E. N. Bui 等选择盐生植被作为土壤盐渍化程度的间接指标，对澳大利亚昆士兰北部的植被类型，以及植被的分布与盐渍化之间的相关性进行分析，发现夏季植被的生物量与土壤盐渍化程度之间具有较强的相关性，以此确定研究区域的盐渍化程度。

预警思想源于军事。随着系统动力学、遥感(RS)、全球定位系统(GPS)及地理信息系统(GIS)技术和计算机与网络技术的发展，预警思想已在全球环境监测、区域生态环境监测、农业资源监测、森林资源监测、社会可持续发展等方面得到广泛应用。Molly E. Brown 在非洲一些国家选择典型区域，利用 NOAA、MODIS 等遥感数据反演土壤水分、植被指数、雪指数等参数与气候、水文之间的相关关系；另外，对非洲国家的饥荒预警系统(Famine Early Warning System，FEWS NET)进行了案例分析。A. A. Paulo 等人利用马尔可夫预测模型(Markov Model)和回归模型（Loglinear）对葡萄牙南部地区的干旱情况进行了预警研究。Luca Salvati 等人选取气候、植被、土地覆被等因素作为土地退化(Land Degradation，LD)的主要影响因素，计算获得研究区多年的标准化敏感性指数(standard Environmental Sensitive Area Index，ESAI)，对意大利典型地区的土地退化情况进行了敏感性评价和预警研究。Monia Santini 等人选取过度放牧情况、植被生产力、土壤肥力、土壤侵蚀、风力侵蚀等因素作为荒漠化指标，利用 GIS 技术建立了荒漠化灾害评价模型，对意大利撒丁岛的荒漠化动态情况进行研究。G. Amrita 等在 1998 年对美国奇华胡安沙漠北部的植被情况进行了研究，并根据植被和其他因素建立了荒漠化预警系统。

二、国内研究现状分析

20世纪80年代，比国外大约晚10年，国内学者才开始利用遥感技术进行土壤盐渍化监测。因为受到当时遥感影像、影像处理水平和计算机软硬件条件等众多因素的影响，这一时期虽然影像处理方法开始应用于土壤盐渍化遥感监测，但是，目视解译是进行盐渍化土壤遥感监测的主要手段。

曾志远等人针对遥感影像中存在的异物同谱和同谱异物现象，根据地物在遥感影像上表现出来的特征，采用地理综合分析方法，有效提高了盐渍化土壤的目视解译精度，并提出了"地理控制系统"理论。该理论比较正确地反映了土壤和景观的统一整体关系。张恒云利用NOAA/AVHRR遥感影像，通过盐渍化土壤与气候因素和土壤水分之间的相关性分析，建立回归模型，评价了滨海盐渍化土壤的分布。根据缨帽变换在植被信息提取方面的优点，彭望琭等对多光谱遥感影像进行缨帽变换，提取了亮度、绿度和湿度三个分量，由于这些分量地学意义明确，有利于提高盐渍化土壤的解译效果。骆玉霞等利用Landsat TM多光谱影像，采用主成分变换、缨帽变换和经验指数等方法，从影像中提取了盐渍化土壤光谱特征和纹理特征。另外，对角度分类器和距离分类器两种分类方法的土壤盐渍化信息提取精度进行了对比分析。此后，刘庆生等人对"资源一号"卫星影像与高分辨率全色影像进行主成分变换(PCA)和HIS等融合，并对融合效果进行了主观和客观评价，认为融合方法可以增强土壤盐渍化信息，有效提取了不同程度的盐渍化土壤和其他地物信息，评价了研究区盐渍化土壤的分布状况。

关元秀等人(2001)选择黄河三角洲为研究区，运用Landsat TM影像数据，在野外考察调查的基础上，对不同地物，包括水体、滩涂、非盐碱地等，进行了光谱特征分析，并结合研究区域的地下水矿化度等常规监测数据，采用多种计算机分类方法，定性和定量评价了黄河三角洲的盐渍化土壤分布状况。这些新方法的采用和成熟进一步提高了土壤盐渍化遥感监测的精度，有效推动了遥感在此领域的应用。

由于多波段遥感影像存在冗余现象，为了获得最佳波段组合保证各类地物的区分性，研究人员根据多波段遥感影像信息量、波段之间的相关性、影像获取时间以及研究目的提出了最佳波段组合指数(OIF)。许迪(2003)选择黄河上游的宁夏青铜峡灌区，主要用Landsat TM遥感影像，采取最大似然分类方法、归一化植被指数等影像处理方法，对研究区的主要农作物和土壤盐渍化信息进行了提取。另外，刘志明等对吉林省西部土壤盐渍化进行遥感监测时，考虑到影像增强处理在信息提取中的重要作用，对研究区遥感影像进行拉伸、二值变换等增强处理，选取训练样区，进行计算机监督分类，并对其结果与非监督分类进行了比较，发现此种方法很有效。李晓燕在GIS技术支持下，充分利用多光谱遥感影像和其他辅助资料，从盐渍化面积、盐渍化类型、盐渍化程度、时空分布及重心转移等几个方面，对大安市盐渍化土壤景观的时空变化及成因进行了分析。

塔西甫拉提·特依拜、何祺胜等利用遥感技术对典型盐渍化区域进行实证分析发现，塔里木盆地南缘和北缘存在的自然和人文因素差异，导致了区域盐渍化情况的差异；并在多次野外调查的基础上，利用 Landsat ETM＋多光谱影像数据，分析盐渍地主要地物的光谱特征，在此基础上构建决策树方法提取了渭—库绿洲盐渍化土壤分布信息，结果显示信息识别精度较高。江红南等人利用 Landsat ETM＋多光谱遥感影像，对影像进行预处理和特征提取，得到了归一化植被指数（NDVI）、第三主成分（PC3），并结合 MNDWI、第一波段、第七波段等其他特征变量作为盐渍化信息提取的重要参数，对渭—库绿洲盐渍化信息进行了提取，总体提取效果比较理想。买买提·沙吾提等人利用可见光影像与 SAR 影像进行主成分融合，采用 BP 神经网络分类方法进行盐渍化信息提取，发现融合影像效果很理想，且分类精度比单一多光谱影像有较大提高。李海涛等人利用 ASTER 多光谱遥感影像数据，从影像中提取主要地物的光谱特征，在光谱特征分析的基础上，采用计算机非监督分类方法，提取了焉耆盆地的盐渍化土壤分布信息，根据野外实际调查，评价结果的精度达到 85％以上。

近年来，我国学者在对荒漠化形成的原因、地域分布差异规律、时空变化规律，预测、预报等方面进行研究的同时，对荒漠化预警应急等级划分、预警标准、预警区划、预警系统建设内容等进行了比较详细的研究，并取得了一定成果。由于土壤盐渍化预警是一个新的研究课题，涉及许多新理论和新方法，土壤盐渍化发生的自然和人为因素又相对复杂，预警难度较大，因此，土壤盐渍化预警理论研究和应用相对较少。目前，关于土壤盐渍化预警研究文献尚不多见，而且现有的研究主要集中在西北干旱灌溉扩展和滴灌区、东北松嫩平原等土壤盐渍化发生比较频繁的地区。在这些热点地区，研究人员利用多种理论和方法对田间和区域盐渍化发生的预测、预警、风险评估的技术方法等开展了一些研究工作。另外，还有学者对典型区域土壤盐渍化的时空演变、发展趋势预测、预警和风险评估等方面进行了研究，并取得了一定的成果。汤洁等利用 GIS－PModflow 联合系统对松嫩平原西部水环境预警进行了新的探索，得出研究区 2015 年的警情较 1999 年有所增加，且以灌溉后潜水位上升引起的土壤次生盐渍化的警情为主的结论，并认为此方法在预警警戒线的确定、潜水位数值模拟与预报和预警分析判断等方面具有一定的应用价值。王少丽等通过对新疆农七师区域水盐监测、水盐平衡计算与分析，对现有水盐状况是否满足盐分控制要求做出评价，认为引进的盐分只有大约 40％从平衡区内排出，有 60％左右的盐分滞留在平衡区内，其结果势必加重区域内土壤盐渍化的程度。李凤全等人选择吉林省西部潜水位埋深与盐渍化程度的空间相关系数、土壤有机质含量、潜水钠离子含量、土壤质地、人口密度和草场载畜量作为预警因子，采用神经网络模型进行预警。李凤全等人通过对地下水盐均衡和包气带的盐通量及积盐率进行计算，用土壤盐渍化预报模型，对吉林西部洮儿河流域不同地貌单元进行了土壤盐渍化预报研究，并指出了流域内的土壤盐渍化的分布规律和发展趋势。

三、发展趋势分析

空间遥感技术经过多年发展，多平台、高分辨率、多时相遥感影像数据不断出现，影像处理技术不断进步，新的理论和方法不断更新与发展，给土壤盐渍化遥感监测提供了新的思路。因此，研究人员突破光学遥感土壤盐渍化监测中存在的过多依赖盐渍化土壤的光谱特征的局限，提出了利用微波遥感技术进行土壤盐渍化监测的思路，并对这一思路进行尝试，取得了一些有意义的应用成果。这些研究成果表明，L和C波段传感器结合使用可用来进行土壤盐渍化的监测。目前，国内外一些研究人员已经对像元级分类法作了一些有意义的探索和应用，证明了这种方法的实际应用价值和良好前景。随着高分辨率影像数据越来越广泛地使用，传统的基于像元的土壤盐渍化信息提取方法已不能够满足高分辨率影像实际应用，因此，有必要对从高分辨率遥感影像有效提取土壤盐渍化信息的方法进行研究。

另外，近20年来，定量遥感机理、建模和应用研究快速发展。目前，遥感能够得到的面向应用的物理参数很多，如FPAR(冠层吸收的光合有效辐射的比率)和NPP/GPP、地表蒸散、土壤含水量、地表生物量、森林扰动、植被状态指数(WDI)和水分亏缺指数(VGI)等，而且这些参数由于综合了大量信息，自身具有较为明确的物理含义。如何把这些参数成功地应用于土壤盐渍化遥感监测中，从而更好地揭示土壤盐渍化发生的过程和程度，是一个重要的研究课题。

从国内外土壤盐渍化遥感研究的进展来看，虽然新的方法和新的理论大量被应用于土壤盐渍化遥感监测中，监测精度不断提高，监测方法不断得到完善和发展，进一步发挥了遥感技术的优越性；但是，随着盐渍化问题的日益严重，对土壤盐渍化的监测精度要求也不断提高。目前已有的研究方法和技术，还未能完全达到土壤盐渍化监测工作的具体目标和要求。这就对土壤盐渍化遥感监测的技术人员提出了更高的要求。展望我国的土壤盐渍化遥感监测和预测研究，建议重点开展以下几项工作。

(1)在土壤盐渍化遥感监测方面：需要建立土壤盐渍化遥感监测理论体系和技术流程，进一步完善遥感信息反演方法，提高提取精度，加强盐渍化遥感监测机理研究。另外，要加强野外实地测量，建立土壤盐渍化遥感信息库，构建经验和半经验模型，提高定量化水平，建立专家决策支持系统，提出适用的应用化的模式识别技术。要改进遥感传感器的性能，加强稳定性，提高数据质量，设计和开发新的软件和硬件平台，以提高海量遥感数据的处理和分析能力。

(2)土壤盐渍化预测和预警系统方面：从区域自然和人为环境条件出发，建立土壤盐渍化发生的多尺度风险评估、预警指标体系，完善盐渍土分级标准；加强跨学科基础理论、预警目标、预警应急等级、预警标准、预警区划、预警系统建设内容等研究。

第二章　土壤盐渍化信息提取方法研究

第一节　土壤盐渍化遥感监测方法概述

应用遥感技术提取土壤盐渍化信息具有监测面积大、实时性强、廉价、快速等优点，也被广泛应用于土壤盐渍化调查。随着多平台、高分辨率、多时相遥感影像数据的不断出现和影像处理技术不断进步，新的理论和方法不断发展，对土壤盐渍化遥感监测提供了新的思路。本研究主要利用遥感影像，并结合其他数据提取土壤盐渍化的性质、分布、程度、变化等方面的信息，在此基础上提出新的信息提取方法和完善目前已有的研究方法。

当前，从遥感影像中提取土壤盐渍化专题信息的方法大致可以分为两种类型：一种是利用盐渍化土壤与其他地物光谱特征的差异，通过目视解译或者计算机分类方法提取土壤盐渍化信息；另一种是在利用遥感数据的基础上，结合专家知识，对遥感数据进行 GIS 数据挖掘和知识发现，建立专家系统，实现土壤盐渍化信息提取。目前这种方法也在逐渐发挥作用，取得了一定的成果。无论采用何种方法来提取土壤盐渍化信息都离不开一些基本工作。其主要包括：野外调查、遥感影像处理(辐射校正、几何校正、增强、镶嵌等)、盐渍地等主要地物的光谱特征分析及特征提取、信息提取，并验证、评估和应用等。

一、土壤盐渍化监测中的地面调查数据

土壤盐渍化是气候、地形地貌、土壤、水文地质、植被、人为等多种因素综合作用的结果，各因素之间又相互影响，构成一个复杂的非线性系统。气候、地下水矿化度、地下水埋深、土壤水分、土地利用方式、土壤类型、土壤含盐量等直接影响盐渍化土壤的地表、光谱特征等，最终在遥感影像上表现出盐渍化土壤的光谱特征。因此，利用遥感技术监测土壤盐渍化时，这些数据的获取和分析是很重要的。由于这些非遥感数据很难通过遥感影像得到，必须通过多次野外考察和实验室分析进行获取。在进行野外调查之前，要对调查目的、调查内容、调查时间、调查方法进行充分的考虑。

一般而言，对盐渍化土壤进行野外调查的主要目的是发现各种地物和盐渍化

土壤的类型、程度等与其遥感影像特征之间的对应关系，并建立解译标志和验证实验室的目视解译结果。主要调查内容包括：盐渍化土壤所处气候条件、地形地貌、水文地质、土壤要素、植被类型、土地利用类型、排灌条件、作物长势、耕作制度、时空变化特征、光谱特征、政策法规等。由于土壤盐渍化的程度具有季节性变化特征，在遥感影像上形成不同的影像特征，因此要注意调查时间的选择。调查应采取选线踏勘和随机选点相结合的方法，选择一些典型样区，进行定点监测，对所选样区以外的区域作随机选点调查，以验证实验室目视解译结果的正确性。在野外调查采集的样本要进行实验室分析，分析内容包括样本的含盐量、含水量、电导率、pH 值、土壤有机质、八大盐离子等与盐渍化土壤有关的微观属性。

二、盐渍化土壤遥感信息特征

1. 盐渍化土壤光谱特征

无论是采用目视解译还是计算机自动分类来提取盐渍化信息，都主要是利用盐渍化土壤的光谱特征。因此，充分理解盐渍化土壤及盐生植被光谱特征至关重要，只有理解光谱特征及其变化规律，才能有效区分盐渍地与其他地物。以往研究中，根据野外测量盐渍化土壤的光谱和实验室分析，发现盐渍化土壤的光谱与盐渍土类型、盐渍化程度、土壤水分、土壤类型、含水量、电导率、含盐量等诸多因素相关。

Mougeno 等人对盐渍化土壤的光谱进行多次野外测量和分析，发现在土壤盐渍化地区，不含盐的结壳、含盐量较低的结壳、不同厚度的盐壳(1～1 000 mm)、结晶盐(0.5～5.0 mm)组成的疏松结构，以及风蚀的疏松结构层五种地表形态是主要地表形态，认为对盐渍化土壤的光谱特征进行分析时，必须考虑地表形态参数，因为这些具有不同粗糙度的不同地表，会导致盐渍化土壤的光谱特征差异。

图 2-1 所示为研究区域具有不同厚度的盐壳景观；图 2-2 所示为几种不同地表结壳的反照率差异。通常情况下，由于盐渍化土壤表层出现盐霜、盐壳、盐皮，地表反照率高，影像色调变浅而多呈白色。当含盐量相同的土壤表面粗糙度增加时，反照率会降低，但是光谱特征曲线没有发生明显的变化。在干旱地区，由于

图 2-1　不同厚度的盐壳

有一些地表特征与盐渍地极为相似或者土壤表现出来的光谱特征与盐渍地很相近，很容易出现光谱混淆现象，如沙地、侵蚀地表、砾石等与盐渍化土壤的光谱较为接近，因此在研究中必须注意。

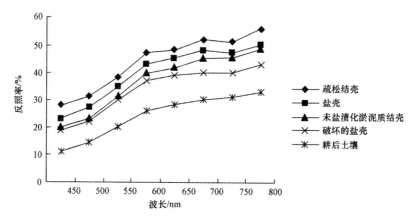

图 2-2　几种不同地表结壳的反照率差异

一般，干旱区春季为泛盐季节，干旱多风，地下盐分运移到地表，盐渍土表层出现盐霜、盐壳、盐皮，使地表反照率增高，影像色调变浅而多呈白色、灰色花斑状影纹；秋季多雨，土壤中的可溶盐分淋溶，但盐渍土中的 Na^+ 吸附于土壤颗粒上不易淋溶，反照率也高，呈浅色。盐分含量越高，光谱反射能力越强。因此，在遥感影像上可以利用盐渍化土壤光谱特征表现出来的色调差异来判断土壤的盐渍化程度。

Csillag 等人在盐渍化土壤光谱特征研究中，发现在可见光（0.55～0.77 μm）、近红外（0.9～1.3 μm）、中红外（1.94～2.15 μm、2.15～2.3 μm、2.33～2.4 μm）波段 5 个光谱段，有利于不同盐化与碱化土壤的有效区分。在干旱区，强烈的蒸发让盐渍化土壤中的 Na^+、K^+、Mg^{2+}、Ca^{2+}、Cl^- 和 SO_4^{2-}、CO_3^{2-} 等离子聚集在土壤表面形成盐壳和盐晶。不同类型的盐渍化土壤会引起吸收峰位置的变化。

Dehaan 等人在盐渍化土壤光谱特征研究中，发现盐壳及重度、中度、轻度盐渍化土壤在 0.505 μm、0.90 μm、1.415 μm、1.915 μm 和 2.2 μm 附近都有吸收特征峰。当含盐量较高时，在 0.68 μm、1.18 μm、1.78 μm 处均具有明显的吸收特征。在 0.80～1.3 μm 光谱段，反照率曲线的斜率随土样含盐量的增加而降低。

张飞等人在野外对盐渍化土壤的光谱进行测量，发现非盐渍土、轻度盐渍土、中度盐渍土、重度盐渍土虽然受土壤含盐量的影响，反照率曲线有所不同，但仍然有一些共同特点，认为不同程度的盐渍化土壤的光谱曲线变化比较平缓，光谱特征较相似；在 0.325～0.60 μm 和 0.6～1.015 μm 范围内没有明显的吸收特征；盐渍化土壤的反照率随着盐分的增加而升高。

2. 间接特征

在盐渍化土壤遥感监测中，除了利用盐渍化土壤光谱特征以外，还可以利用其他特征，包括纹理、形状等。另外，土壤盐渍化与土壤所处的自然地理环境（温度、降雨量、盐生植被、土地利用、土地覆被类型、地下水、土壤要素等）关系很密切，也可以充分利用这些间接特征进行监测。

在盐渍化土壤环境中，植被类型、生长状况在很大程度上受到盐分的影响和控制，尽管植被覆盖会改变土壤的光谱响应，但它的确是一个很好的盐渍化程度间接指标。盐生植被的出现以及对盐敏感的植被的消失，是最早且最易辨认的盐渍化征兆之一。在盐渍地中，常有芦苇、红柳、骆驼刺、白刺、假木贼等耐盐植物生长。而这些耐盐植物的类型、生长状况在很大程度上受到土壤盐分的影响。因此，盐生植被的生长状况一定程度上表明土壤的盐渍化程度。因此，可以把它们作为判断土壤盐渍化的间接指标。在以往的研究中，植被被广泛用于盐渍化辅助制图。

三、土壤盐渍化专题信息提取

遥感信息处理和分析以建立遥感信息模型为基础，对地球表层资源与环境进行探测、分析，并揭示其要素的空间分布特征与时空变化规律。遥感地理特征提取是建立在地学规律基础上的遥感信息处理和分析模型，是结合物理手段、数学方法和地学分析等综合性应用技术和理论，通过对遥感信息的处理和分析，获得能反映地球区域分异规律和地学发展过程的有效信息的理论方法。遥感专题信息提取的实质就是找出专题信息（目标）与信息源之间（数据）的关系，建立有效的信息提取模型。

基于遥感的土壤盐渍化专题信息提取目标是从遥感影像中提取土壤盐渍化信息，包括对盐渍化土壤的识别以及获取盐渍化土壤与其他地物的联系。土壤盐渍化专题信息提取流程如图2-3所示。其包括遥感影像预处理、特征提取、盐渍化信息识别、评价和应用等步骤。

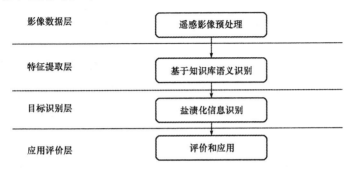

图 2-3　土壤盐渍化遥感信息提取流程

1. 遥感数据源的选择

进行土壤盐渍化遥感监测时，除了考虑研究目的、检测范围、影像成像条件、物候以外，还需要重点考虑监测精度，选择相应的遥感影像数据类型。目前，常用的遥感数据类型包括 Landsat MSS/TM/ETM＋、SPOT4/5、IRS、ASTER、MODIS、ALOS、Radarsat1/2 等。另外，由于土壤盐渍化遥感定量化研究的精度需要，高分辨率的陆地卫星 IKNOS、QUICKBIRD 等数据也被应用。表 2-1 列出了常用的遥感数据。

表 2-1　土壤盐渍化遥感监测常用的遥感数据列表

遥感平台	传感器	分辨率			宽幅/km
		空间分辨率/m	光谱分辨率	周期/天	
Landsat TM 4/5	Thematic Mapper	1-5 and 7：30；6：120	Visible(B，G，R)；NIR；SWIR；thermal IR		180
Landsat ETM＋	Enhanced Thematic Mapper	1-5 and 7：30；8：15；6：60	Visible(B，G，R)；NIR；SWIR；thermal IR		
SPOT 1/2/3	HRV	XS：20；P：10	Visible(G，R)；NIR	26	60
SPOT 4	HRV；HRVIR	XS：20；P：10	Visible(G，R)；NIR；SWIR	26(4-5)	60
SPOT 5	HRG	XS 1-3：10；XS 4：20；P：5	Visible(G，R)；NIR；SWIR	26(4-5)	60
IRS−1	LISS，Ⅱ/Ⅲ PAN	1-3：23.5；4：70；PAN：5.8	Visible(G，R)；NIR；SWIR	24	142
Terra	ASTER	15（VNIR：3 Bands），30（SWIR：6 Bands），90(TIR：5 Bands)	Visible(G，R)；NIR；SWIR；thermal IR	16	60
IKONOS		Multispectral：4；PAN：1	Visible(B，G，R)；NIR	16	11
Radarsat	SAR	25(standard)；8(fine)	C-Band(5.6 cm)—HH pol	24	100
ERS	SAR	30	C-Band(5.6 cm)—VV pol		100
JERS	SAR	18	L-Band(23 cm)—HH	44	75

续表

遥感平台	传感器	分辨率			宽幅 /km
		空间分辨率/m	光谱分辨率	周期/天	
Envisat	ASAR	30	C-Band（HH and VV，or HH and HV，or VV and VH）		100
ALOS	PALSAR	10(single beam)；20（dual beam）；10（fine resolution）	L-Band（23 cm）（HH or VV；HH－HV or VV－VH）	46	70
Space Shuttle	SIR－C＝X－SAR	30	L-Band（23 cm）；C-Band（5.6 cm）；X-Band(3.1 cm)		
Airborne-Hymap	Hyperspectral	2；10	128 Bands：Visible（B，G，R），NIR，SWIR		
Airborne-AVIRIS	Hyperspectral	5；10；20	224 Bands：Visible（B，G，R），NIR，SWIR		
Airborne-CASI	Hyperspectral	2.2	288 Bands：Visible（B，G，R），NIR		
Airbone-AISA－ES	Hyperspectral	IFOV＝0.52° mrad	Up to 483 Bands：Visible（B，G，R），NIR，SWIR		FOV＝8.54°
Airbone-ARES	Hyperspectral	IFOV＝0.52° mrad	192 Bands：Visible(B，G，R)，NIR，NIR，SWIR		FOV＝60°

2. 遥感影像处理

随着遥感技术和数字影像处理技术的快速发展，在土壤盐渍化信息提取过程中，数字影像处理技术也开始发挥了重要作用。遥感影像预处理是遥感利用的第一步，也是极其重要的一步。预处理的大致流程在各项工作中有点差异，而且关键点也各有不同。在数据处理阶段，具体内容包括：辐射定标、几何精校正反照率求算、噪声处理、影像增强、影像镶嵌与减少、影像融合处理与分析、分类特征分析和提取以及进行室内预判读等。

几何校正的一般步骤是：首先，利用地面控制点(GCP)，通过坐标转换函数，将各控制点从地理空间投影到影像空间上；其次，地面控制点选好后，再选择不同的校正算子和插值法进行计算，同时还对地面控制点(GCP)进行误差分析，使其精度满足要求为止；最后，将校正好的影像与地形图进行对比，考察校正效果。

当监测范围不能由一景影像覆盖时，还要进行多景影像的镶嵌。影像的镶嵌处理的关键是拼接缝的消除。为了增强盐渍地在遥感影像上的特征，需要对遥感影像进行彩色合成、直方图拉伸、影像融合的增强处理。图 2-4 所示为 ALOS 遥感影像增强对比图。

图 2-4　ALOS 多光谱影像（R_4、G_2、B_1）

　　遥感影像融合（Fusion）是将同一个地区的遥感影像数据加以智能化合成，产生比单一信息源更精确、更完全、更可靠的估计和判断。遥感影像融合在土壤盐渍化信息提取中被广泛应用。相对于单源遥感影像数据，多源遥感影像所提供的信息具有冗余性、互补性、合作性、信息分层的结构特性等特点。常用的融合算法有 Brovey、IHS、PCA、Wavelet 和 HPF 等。图 2-5 所示为 Landsat TM 和 Radarsat SAR 影像经过 PCA 变换融合后 R_4、G_2、B_1 波段的融合影像，融合影像上重度盐渍地清晰度较高，且中、轻度盐渍地与其他地物的区分有较大改进。

(a)　　　　　　　　　　　　(b)　　　　　　　　　　　　(c)

图 2-5　主成分融合前后影像变换

（a）Landsat TM 影像；（b）Radarsat SAR 影像；（c）Landsat TM 和 Radarsat SAR 影像主成分融合

　　解译分类是遥感影像处理最基本的数据分析方法之一，也是遥感影像信息提取的最基本的工作。分类的依据主要是地物光谱特征,目前也有的分类技术考虑到地物空间分布及混合像元等问题。总的来说,解译或分类方式一般有目视解译、计算机监督分类和非监督分类。以前传统的目视解译,是在纸质影像上进行解译、勾绘、转绘,最后还有手工着色。

3. 盐渍化土壤特征提取和信息识别

特征提取是从原影像数据中求出有益于分析的判读标志及统计量等各种参数,如 NDVI 变换、均值方差等统计量,把影像所具有的性质进行定量化的处理过程。主要特征有光谱特征、空间特征、纹理特征等。这些特征在遥感影像上随着土壤盐渍化类型和程度的不同表现出不同的影像特征。在信息提取过程中,还可以通过对影像进行处理获得复合特征来提高对信息的识别。土壤盐渍化信息的识别是在获取盐渍化土壤特征的基础上,根据特征或是特征组合对影像上的土壤盐渍化信息进行提取的过程。在盐渍化信息提取的过程中,由于混合像元的存在,有时盐渍化信息无法正确识别。因此,在后期的处理过程中,必须加以改正。

4. 评价和应用

评价是将识别结果与专家描述的知识和地学规律性知识进行比对,分析其可靠性和准确性,从而指导并改进目标识别过程。土壤盐渍化的监测、评估主要包括土壤水盐动态的监测技术方法、土壤盐分状况的评估技术方法、田间和区域盐渍化发生的风险评价技术方法,以及典型或热点区域次生盐渍化发生与发展趋势预测、预警和风险评估等。在土壤盐渍化状况评估方面,土壤盐分的空间分布与变异特性、土壤盐分动态的时序演变特征等研究进一步深入。近期研究工作还建立与完善了不同尺度土壤盐分监测的技术和方法,分析比较了点尺度、田块尺度和区域尺度土壤盐分与土壤盐渍化关联属性的空间分布及变异特性,探索了土壤盐分与土壤盐渍化关联属性的尺度提升、不同尺度监测数据间的衔接和运用多尺度监测数据对土壤盐渍化状况进行综合解译和评估的技术与方法。

第二节　数据获取和处理

一、主要数据

1. 主要遥感影像

本研究主要利用美国 Landsat TM/ETM＋多光谱数据和日本 ALOS 多光谱(AVNIR－2)数据、ALOS 全色(PRISM)、Radarsat、SIR－C 等数据,具体见表 2-2。

表 2-2 研究区遥感数据基本情况表

序号	传感器	波段数	空间分辨率/m	接收日期
1	TM	7	30	1989 年 9 月 25 日
2	ETM+	8	30	2001 年 8 月 6 日
3	TM	7	30	2006 年 7 月 4 日
4	TM	7	30	2010 年 8 月 2 日
5	ALOS(AVNIR—2)	4	10	2008 年 7 月 15 日
6	ALOS(PRISM)	1	2.5	

2. 研究区水盐监测资料(1997—2007 年)

根据研究区水盐运移规律,围绕绿洲内部和绿洲外围布置的 38 眼监测井的水盐监测数据,包括地下水水位和地下水矿化度数据。地下水水位监测时间为每月 5 日、15 日和 25 日,通过人工观测得到;地下水矿化度数据监测时间为每个季节取样一次,通过实验得到。研究区水盐监测井的分布如图 2-6 所示。

图 2-6 研究区水盐监测井分布图

3. 基础地理数据

基础地理数据包括 1:50 000 地形图及其矢量化数据,主要用于几何精校正及配准;1995、2000 和 2002 年的 1:50 000 库车县、新和县和沙雅县土地利用图及其矢量化数据；1：100 000 的土壤、地貌两种专题矢量地图（中国西部环境与生态科学数据中心）；库车、新和、沙雅气象数据（1955—2013 年）。

4. 水系和排碱渠数据

库车、新和、沙雅三个县排碱渠分布图及其矢量化图。

5. 野外调查数据

先后在研究区进行的 10 多次野外考察收集的资料，包括土壤含盐量、土壤含水量、pH 值、矿化度、TDS 等。

二、野外调查情况

1. 调查时间

根据渭—库绿洲土壤盐渍化过程的特点和研究目的，对研究区进行了 10 多次野外考察，获得了宝贵的第一手资料。考察地点主要在渭—库绿洲范围内，包括库车县、新河县、沙雅县。

在区域土壤盐渍化的调查过程中，对土壤质量进行监测是不可缺少的，其中采样点的布置很重要。为了提高土壤样品的地表性，以 2008 年的 ALOS 全色、多光谱影像和土地利用图作为参考图像，根据盐渍化土壤在遥感影像中表现出来的特征，确定研究区有代表性的采样点，使采样点尽可能覆盖研究区主要的土地利用类型和景观。采样点分布情况如图 2-6 所示。2008 年 9 月前往研究区进行了土壤样本随机采样，在 2008 年 9 月以后的考察中，按照研究区的特点，分 A、B、C、D、E 5 个小区进行了考察，考察共在 115 个采样点进行。考察中，每一采样点周围辐射约为 10 m 选取 3 个点，分三层取样（0～10 cm、10～30 cm、30～50 cm），用铝盒取土样 30～50 g，并现场称重。

2. 主要调查内容

调查内容根据研究区主要景观类型及 Landsat TM/ETM＋、ALOS、Radarsat 等遥感影像表现特征来制定，主要可分为以下四大类：

（1）第一类是基础数据，包括调查时间、天气、样地号、样地面积、地理坐标和海拔等。

（2）第二类是土地利用要素，包括不同程度盐渍地分布区的地形地貌，土地利用类型，地下水水位、水质，排灌设施等。

（3）第三类是植被要素，包括植被盖度、盐生植被类型、盐生植被生长状况等。

（4）第四类是土壤要素，包括 pH 值、矿化度、含盐量、含水量和电导率等，定量确定盐渍化的程度。

三、土壤样本的采样和分析

分析方法依据土壤盐渍化分级标准和研究区实际情况，参考新疆水利厅制定的《新疆县级盐碱地改良利用规划工作大纲》和《土壤农业化学常规分析方法》(中国土壤学会，1983)进行。在学校实验室和测试中心对所采集的土壤样品进行土壤成分（Ca^{2+}、Mg^{2+}、SO_4^{2-}、HCO_3^-、Cl^-、Na^+、K^+、EC、含盐量、TDS、pH值）测定。

四、遥感影像处理

在本研究中，遥感数据和地面采样分析数据是相辅相成的，凭借 PCI、ENVI、GIS 等遥感信息处理和地理信息系统软件对获取的遥感影像进行预处理。处理内容包括辐射定标、反照率求算、噪声处理、几何精校正、影像融合处理与分析、分类特征分析与提取以及进行室内预判读等。具体处理情况如下。

1. 遥感影像几何校正

首先，以研究区 1∶50 000 地形图为地理参考图，在 2008 年 ALOS 全色遥感影像和地形图上选取特征比较明显的 40 个 GCP 作为校正点，选用二次多项式进行拟合，采用具有较高空间位置精度的双线性内插方法进行像元重采样，实现遥感影像的几何校正。对于 Landsat TM/ETM＋影像 RMS 误差保证小于一个像元，对于 ALOS 影像 RMS 误差保证小于半个像元。然后，同样的方法和标准，利用校正好的影像对研究区其他遥感影像进行几何校正。

2. 遥感影像辐射校正

遥感影像辐射校正是定量遥感中必不可少的非常重要的技术。由于本次研究需要从遥感影像上提取地表参数，因此必须对遥感影像进行辐射校正。本次采用校正能力更强的 6S 模型对遥感影像进行大气校正和地表反照率反演。

3. 辅助数据的处理

在 ArcGIS 等软件的支持下，首先对研究区蒸发/降雨比、地下水水位、矿化度，土壤含盐量、含水量、pH 值等数据进行正态分布检验，然后采用普通克立格插值，将这些点状数据转化为面状数据，再进行栅格转换，获得以上数据的栅格图层。另外，还对地貌类型、土地利用图、土壤类型等矢量专题地图进行了栅格转换，形成这些数据的栅格图像。最后，以上所有的数据以 UTM 坐标投影为基准均做到位置配准。

4. 遥感影像分类系统的确定

依据盐渍土分级标准和研究区实际情况，参考新疆水利厅制定的《新疆县级盐碱地改良利用规划工作大纲》，结合历年多次野外调查结果、干旱区实际情况及江红南等前人研究成果、影像所反映的地学景观特点和盐渍地遥感监测的目的，初步将研究区地面覆被类型确定为农田、林地、轻度盐渍地、中度盐渍地、重度盐渍地、水体、其他和居民点 8 种类型，具体地物、地面特征见表 2-3。

表 2-3　遥感影像分类方案及遥感判读标志表

编号	类别名称	含　义	解释标志	图示
A	农田	含盐量为＜1 g/kg，植被盖度达75%以上的耕地	几何特征明显，形状规则，呈现绿色	
B	林地	含盐量为＜1 g/kg，乔木林地和灌木林地	没有明显的集合特征，色调多为暗绿或浅绿	
C	轻度盐渍地	含盐量为1～3 g/kg，与农田、中度盐渍地间布，植被盖度为15%～30%灌丛、中覆盖草地等	影像色调深浅稍有不均匀表现，夹杂少量浅色碎斑	
D	中度盐渍地	含盐量为3～5 g/kg，与轻、中度盐渍地间布，植被盖度为30%～70%的灌丛、稀疏草地及植被盖度极小的光板地	影像呈现紫色或浅白色不均匀图斑，各浅色图斑混杂	
E	重度盐渍地	含盐量＞5 g/kg，有明显的盐结皮，地表盐壳厚度达5 cm以上，仅生长有耐盐植物，植被盖度小于5%的土地	色调为深白色，有土地龟裂特征	
F	水体	河渠、湖泊、水库和坑塘等	色调多为蓝、黑色	
G	其他	岩石、沙漠、戈壁、砾石地、其他未利用土地等	流动感的灰色土地，淡紫色具有反光特征的土地等	
H	居民点	城乡居民工矿区、农村建设用地等	色调多为白色，较亮	

第三节　基于面向对象的土壤盐渍化信息提取方法

在以往的研究中，土壤盐渍化遥感监测和信息提取方法大部分是利用 Landsat TM/ETM＋、CBERS—1、MODIS 等中、低分辨率的遥感影像，依靠盐渍化土壤在遥感影像上的光谱与其他地物光谱的差异性，忽略影像上盐渍地的结构、形状、纹理等信息，通过目视解译或者基于像元的计算机分类方法来提取信息。但是由于盐渍地的光谱特征与其他地物(沙地、沙砾等)的光谱特征较为相似，以及光谱混合对土壤盐渍化遥感监测的干扰作用，利用传统的信息提取方法较难提高监测精度和效率。

近30年来，遥感技术的发展，特别是影像空间分辨率的提高，尤其是1999年以来，IKONOS 2数据、QUICKBIRD 2数据、ALOS、WorldView1/2/3等高分辨率遥感卫星相继成功发射，使得获取高分辨率遥感影像数据成为可能。与传统的中、低空间分辨率的遥感影像相比，高分辨率影像上地物景观的结构、形状、拓扑分析、纹理等细节信息都非常突出，使得在较小的空间尺度上观察地表细节变化及大比例尺遥感制图成为可能，同时，对现有的信息提取技术提出了前所未有的挑战。虽然高分辨率遥感影像上地物的结构、形状、拓扑分析、纹理等细节信息非常明显，但是光谱信息相对较弱，所以，仅仅依靠像元的光谱信息进行分类，忽略影像提供的纹理、结构、形状、拓扑分析等信息，必然会导致分类精度和作业效率降低。因此，随着高分辨率影像数据越来越广泛地使用，传统基于像元的影像分析方法不能够满足高分辨率影像实际应用。因此，对高分辨率遥感影像的理解和处理必须根据其特点采取新的技术方法。

为了突破传统的分类方法，改善高分辨率遥感影像的分类精度，面向对象的影像分析技术与多尺度分割技术应运而生，从而解决了从高分辨率遥感影像中快速提取地物信息和精度低的难题。面向对象的信息提取的最重要的特点就是处理的基本单元是"影像对象"，而不是单个的像元，通过多尺度影像分割获得"影像对象"，后续的影像分析和处理也都基于对象进行，充分利用高分辨率遥感影像的空间结构、纹理信息，从而提高高分辨率遥感影像的分类精度。目前，国内外一些研究人员已经对面向对象的信息提取方法作了一些有意义的探索和应用，证明了这种方法的实际应用价值和良好前景。

本研究首先利用多尺度分割形成影像对象，建立对象的层次结构，计算盐渍地的光谱特征、几何特征、拓扑特征等；然后利用对象和特征形成分类规则，并通过不同对象层间信息的传递和合并实现对影像的分类；最终实现面向对象的高分辨率遥感影像土壤盐渍化信息提取方法。同时，将面向对象的提取结果与传统的基于像元（最大似然法）的信息提取结果进行了比较。

一、面向对象的遥感影像分析方法原理

高分辨率影像上地物景观的结构、形状、拓扑分析、纹理等细节信息都非常突出，基于像元的光谱信息分析方法对此显得十分困难，这对高分辨率影像处理和信息的提取提出了更高的要求。传统的影像处理算法多是基于像元或是特定形状大小的斑块进行分析，此类算法通常不考虑分析单元间的上下文关系信息。面向对象的分类方法不但顾及了遥感数据的光谱信息，同时，也利用了对象的纹理特征、空间信息、几何特征和对象间的关系等，从而减小同类地物的光谱变化，使易混淆的地物容易提取，增大异类地物的差异，使得分类边界更细致，极大地提高了影像的分类精度。这也将大大提高作业效率。因此，面向对象的遥感分类方法更有利于高分辨率遥感影像的自动分类。很多学者利用面向对象的方法研究

土地覆被和土地利用分类，证明该法比传统遥感分类方法精度高。在遥感应用中，对于高分辨率信息的提取，该技术成为发展趋势。一般而言，面向对象的影像处理主要包括影像多尺度分割、对象层次网络结构建立、特征组合与信息提取三部分。面向对象的影像处理基本流程如图 2-7 所示。

1. 多尺度影像分割和最优分割尺度

影像分割是根据研究目的、按照一定规则将影像分割成独立区域的过程。由于面向对象的遥感影像分类技术是基于影像对象来分析处理的，因此，影像分割得好坏直接影响后续的遥感影像分析和信息提取。多尺度影

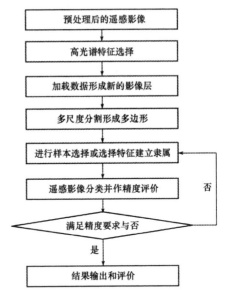

图 2-7　面向对象的影像处理基本流程

像分割是面向对象的信息提取技术的关键，它是将影像分割成大小不一、包含多个像元的对象，这些对象不仅具有光谱统计特征，同时，也具有形状、上下文关系、与邻近对象的距离、纹理参数等属性。因此，多尺度影像分割可以理解为一个局部优化过程，而异质性是由对象的光谱（spectral）和形状（shape）差异确定的，形状的异质性则由其光滑度和紧致度来衡量。在影像分割时，对各种分割参数（光谱参数、形状参数、分割尺度）的选择是非常重要的。显然，设定了较大的分割尺度，则对应着较多的像元被合并，因而产生较大面积的对象。图 2-8 所示为多尺度影像分割流程。

为了得到最佳的分类结果，使每一类影像对象具有高度的均质性，最优分割尺度的选择尤为重要，而这也是目前多尺度分割方法的一大难题。遥感影像中每类地物都有适合该类地物的最优分割尺度，在该分割尺度上进行信息提取会取得最高的分类精度。关元秀（2008）给出了一些多尺度分割策略，其他学者也提出了一些多尺度分割原则。总结起来主要包括大尺度原则、颜色优先原则和根据地物大小选择尺度等。

2. 对象层次网络构建

多尺度分割需要以对象层次网络的形式来组织与分析，不同尺度分割后，在像元层（底层）和整景影像层（高层）两个特殊层之间产生大小形状不同的影像对象。利用多尺度之间的"父子继承"信息与同尺度之间的拓扑关系信息，可在一定程度上改进分类结果，因此，相对于基于像元的影元分类方法，面向对象的影像分类方法更适合用于高分辨率图像的处理。图 2-9 所示为对象层次网络结构。

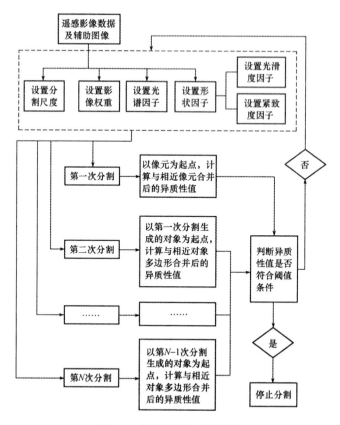

图 2-8 多尺度影像分割流程

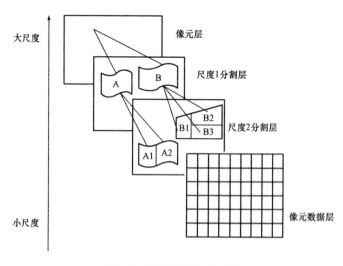

图 2-9 对象层次网络结构

3. 规则建立

在多尺度分割后，影像的基本单元已不是单个像元，而是由同质像元组成的多边形对象（影像对象）。基于面向对象的影像分析与处理中包含了地物的对象特征等附加信息，这些信息包括地物的形状、纹理、位置及与其他地物的上下文关系等。在对影像进行处理、分析、解译和提取的过程中，信息提取的关键是规则能否有效地区分地物，因此，必须充分了解所提取地物在影像上的特征。影像对象的各种特征主要包括光谱特征、形状特征、纹理特征、语义特征等类别。

4. 专题信息提取

面向对象的分类方法利用分割后的多边形对象，计算出所包含像元的光谱信息以及多边形的形状信息、纹理信息、位置信息以及多边形间的拓扑关系信息，根据分类规则或专家知识库对地物类别进行提取。与此同时，在影像分割过程中添加归一化植被指数、高程信息及其他辅助数据会提高影像对象的信息维度，在一定程度上可提高信息提取与影像分类的精度。具体的分类规则可以充分利用对象所提供的各种信息进行组合，以提取具体的地物。充分利用影像对象的特征维度信息进行规则组合，多个尺度层次可建立各自的信息提取规则与分类约束。面向对象的分类法比较常用的方法有最邻近分类法、面向对象的模糊专家分类法（特征隶属度函数法）以及两种方法的综合使用。

二、土壤盐渍化信息提取

根据以上对面向对象的信息提取原理的论述，本研究对 ALOS 遥感影像进行了基于面向对象的土壤盐渍化信息提取。其基本步骤为：首先，获取 ALOS 高光谱影像数据的先验知识和背景，进行了数据预处理；其次，根据盐渍地分类任务的不同需要加载数据形成影像层，进行多尺度分割得出不同的影像对象层，建立多边形对象；最后，选择影像特征隶属函数进行影像的分类并进行精度评价。面向对象的土壤盐渍化信息提取分类流程如图 2-10 所示。

1. 最优分割尺度确定

对面向对象的信息提取方法来说，影像分割时尺度的选择是非常重要的，影像分割本身不是目的，但它直接决定影像对象的大小、感兴趣的地理信息所处的尺度层次以及信息提取的精度，而这也是目前多尺度分割方法的一大难题。本研究采用 RMAS 方法，RMAS 是指对象与邻域均值差分绝对值与对象标准差之间的比值。其计算公式如下：

$$Q_{RMAS} = \Delta C_L / S_L$$

$$\Delta C_L = \sum_{i=1}^{n} \sum_{j=1}^{m} l_{sj} \mid \bar{C}_L - C_{Li} \mid / l \tag{2-1}$$

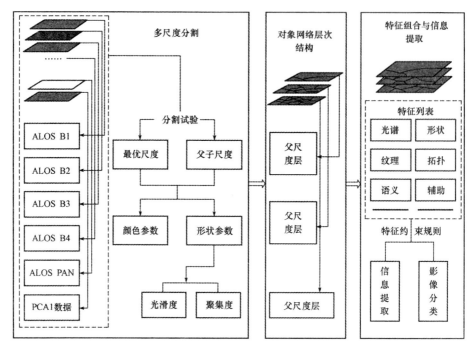

图 2-10 面向对象的土壤盐渍化信息提取分类流程

$$S_L = \sqrt{\left[\sum_{i=1}^{n}(C_{Li} - \bar{C_L})^2 / (n-1)\right]}$$

式中 L——影像对象波段层数；

ΔC_L——L 波段层单个尺度分割对象与邻域均值差分的绝对值；

S_L——L 波段层单个尺度分割对象的标准差；

C_{Li}——L 波段层 i 像元点灰度值；

$\bar{C_L}$——单个尺度分割层上的波段均值；

n——影像对象内的像元个数；

l——目标对象的边界长度；

l_{sj}——目标对象和第 j 个直接相邻对象的公共边界长度；

m——与目标对象直接相邻的对象个数。

RMAS 方法具有以下特点：①RMAS 方法是利用影像对象层次结构进行分割；②RMAS 计算不仅不受到窗口限制的影响，同时，可以计算任意尺度分割对象的 RMAS；③RMAS 是一个充分利用对象的内部异质性和外部异质性的综合指标，完全体现了面向对象的信息提取方法的优点。

本研究中 ALOS 遥感影像数据的 4 个波段均参与分割试验，在一定分割尺度范围内，将分割尺度参数按照特定间距（选取的分割尺度间距为 10）划分，通过计算得到一系列离散的分割尺度参数值，然后在影像上选择一定数目的代表地物作为样本来代替该类地物，计算每个分割尺度下各类地物的分割质量 RMAS 的值，使 RMAS 达到最大值的分割尺度即为某类地物的最优分割尺度。多尺度分割参数统计特征见表 2-4。

表 2-4　多尺度分割参数

对象层次	分割尺度	光谱权重	形状因子	光滑度因子	对象个数
Level 1	10	1	0.2	0.8	87 549
Level 2	20	1	0.2	0.8	24 728
Level 3	30	1	0.2	0.8	11 566
Level 4	40	1	0.2	0.8	6 724
Level 5	50	1	0.2	0.8	4 477
Level 6	60	1	0.2	0.8	3 140
Level 7	70	1	0.2	0.8	2 362
Level 8	80	1	0.2	0.8	1 808
Level 9	90	1	0.2	0.8	1 482
Level 10	100	1	0.2	0.8	1 200

图 2-11 所示为一幅包含了研究区各类地物的 ALOS 遥感影像。地物主要包括农田、轻度盐渍地、中度盐渍地、重度盐渍地、水体、居民点、沙地和其他 8 类。对该遥感影像进行不同尺度的分割，其结果如图 2-12 所示。从图 2-12 中可以看出，不同尺度分割获取的影像对象的大小是不一样的，对象所表达出的特征及现象也是不一致的，通过目视观察方式可发现不同分割尺度下生成的多边形对象之间存在较大的差别。对不同尺度下进行分割的影像对象分析如下：

图 2-11　研究区 ALOS 多光谱影像

（左：全图，右：截图）

（1）分割尺度为 100 时［图 2-12(j)］，共形成 1 200 个对象，对象面积较大，影像对象很完整，不同信息类别之间混分现象比较严重，盐渍地与非盐渍地之间、农田与轻度盐渍地之间、居民点与沙地之间都存在一定程度上的混分，对提取的信息类别意义不大。

（2）当分割尺度为 90 时［图 2-12(i)］，共形成 1 482 个对象，影像对象较完整，虽然大面积的重度盐渍地对象能够表现出来，但部分中度盐渍地与重度盐渍地之间、轻度盐渍地与农田之间均存在混分现象。

(3)当分割尺度为80时[图2-12(h)]，共形成1 808个对象，其中重度盐渍地、中度盐渍地等信息具有较好的完整性，盐渍地与周边地物之间混分现象较少，同时，盐渍地信息之间具有明显的可分性，比较适合对上述地物类型进行信息提取。

(4)当分割尺度为70时[图2-12(g)]，共形成2 362个对象，其中大面积盐渍地与周边地物之间存在混分现象，盐渍地信息之间存在混分现象，信息形状不完整，不适合在该尺度下提取盐渍地信息。

(5)当分割尺度为60时[图2-12(f)]，共形成3 140个对象，其中农田具有较好的可分性，但中度盐渍地与农田之间存在混分现象，不适合在该尺度下进行中度盐渍地信息的提取。

(6)当分割尺度为50时[图2-12(e)]，共形成4 477个对象，农田与非农田之间界限清晰，具有较好的完整性，对于农田信息分割尺度适中。另外，轻度盐渍地与中、重度盐渍地信息之间具有较明显的可分性，适合在该尺度下进行农田和轻度盐渍地信息提取。

(7)当分割尺度为40时[图2-12(d)]，共形成6 724个对象，生成的影像对象虽然具有可分性，但该尺度下生成的对象与分割尺度为30时形成的对象相比形状较为破碎。

(8)当分割尺度为30时[图2-12(c)]，共形成11 566个对象，能够将面积较大的水体、居民地等信息提取出来，同时道路等信息也具有较明显的可分性。对于盐渍地的分割较为破碎，不适合在该尺度下提取盐渍地信息。

(9)当分割尺度为20时[图2-12(b)]，共形成24 728个对象，虽然各类地物基本上没有出现混分现象，适合提取面积较小的水体、沙地以及狭长的道路等地物信息，但影像对象较为破碎，不适合对农田和盐渍地信息的提取。而水体、道路、居民点信息具有明显的分界线，适合对这些地物类型进行提取。

(10)当分割尺度为10时[图2-12(a)]，共形成87 549个对象，虽然影像分割效果较好，几乎未出现地物类型混分现象，但是对面积较大的地物类型分割结果过于破碎，只适合提取一些细小的道路。

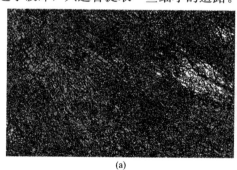 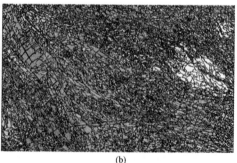

(a)   (b)

图2-12 不同尺度分割效果比较

(a)分割尺度10；(b)分割尺度20

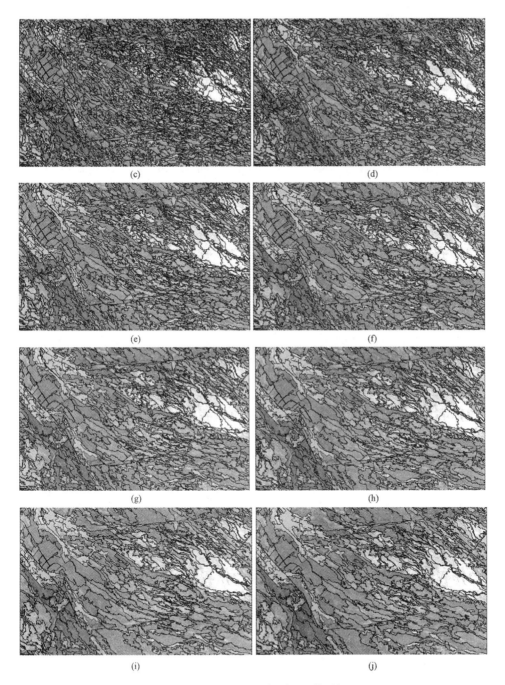

图 2-12　不同尺度分割效果比较(续)

(c)分割尺度 30；(d)分割尺度 40；(e)分割尺度 50；(f)分割尺度 60；
(g)分割尺度 70；(h)分割尺度 80；(i)分割尺度 90；(j)分割尺度 100

为了提出最佳影像分割参数，在目视观察的基础上，利用 RMAS 方法进行了定量分析。以分割尺度参数为横坐标，以 RMAS 值为纵坐标，各种地物在不同分割尺度下的 RMAS 值如图 2-13 所示。从图 2-13 中可以看出，在不同分割尺度下 RMAS 值之间存在较大的差别。

对于轻度盐渍地来说，在分割尺度较小时，盐渍地分割得比较破碎，随着尺度的增加，RMAS 值增加速度较快，在分割尺度为 50 时，RMAS 值达到最大，之后，随着分割尺度的增加，RMAS 值逐渐减小。因此，轻度盐渍地的最优分割尺度为 50。同时注意到，对于中、重度盐渍地来说，当尺度达到 80 时，RMAS 值最大，之后随着分割尺度的增加，RMAS 值逐渐减小。因此，中、重度盐渍地的最优分割尺度为 80，在这个尺度上，这类盐渍地与周边地物之间混分现象较少，比较适合这类盐渍地进行信息提取。同样，对于水体、道路和其他等类型，在分割尺度为较小（20）时，RMAS 值达到最大，因此，对于本幅影像中的细小的道路、河流、居民点来说，应当尽量选择较小一些的分割尺度。

通过以上目视和定量比较可以确定，对于轻度盐渍地来说，最优分割尺度为50；对于中、重度盐渍地来说，最优分割尺度为 80。这时，盐渍地信息具有较好的完整性，盐渍地与周边地物之间混分现象较少，同时，盐渍地信息之间具有比较好的可分性，比较适合上述地物类型的信息提取。

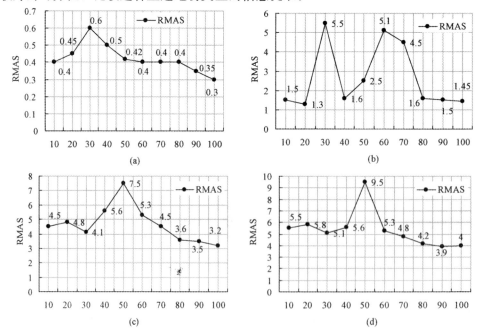

图 2-13　各种地物 RMAS 法最优尺度的选择

(a)水体分割尺度；(b)居民点分割尺度；(c)农田分割尺度；(d)轻度盐渍地分割尺度

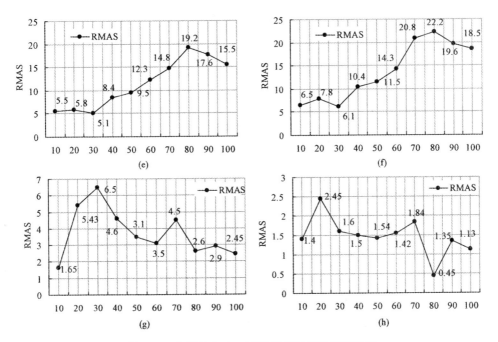

图 2-13　各种地物 RMAS 法最优尺度的选择（续）

（e）中度盐渍地分割尺度；（f）重度盐渍地分割尺度；（g）沙地分割尺度；（h）其他分割尺度

2. 分类方案的确定

定义地表覆被类型是规则建立的基础。根据前面建立起来的分类方案和研究目的，将研究区地面覆被类型确定为农田、轻度盐渍地、中度盐渍地、重度盐渍地、水体、居民点、沙地和其他 8 种类型，具体地物地面特征见表 2-3。确定地表覆被类型之后，就可以对分割后的每个影像对象进行特征计算，提取出对象的特征，建立规则。

3. 规则建立与分类

本研究通过前面的分析得出研究区各种地物最适宜的分割参数，在此基础上，通过对象的特征信息与地物之间的对应关系，建立了分类的层次结构及模糊规则，具体的规则见表 2-5。在表 2-5 中，各规则的判别值的大小是通过人机交互的过程来确定的。

面向对象的分类方法通常有最邻近法和模糊分类法两种。最邻近法实质上是对分割后的影像进行传统意义上的监督分类，适用于对多种对象特征的描述；模糊分类法则是通过隶属度函数来实现。本研究根据以上分类方案及其规则，采用模糊分类方法来提取盐渍地信息，分类结果如图 2-14 所示。为了与面向对象的分类方法进行比较，还对研究区用传统的最大似然法进行了监督分类，分类结果如图 2-15 所示。

表 2-5 多尺度影像分割特征提取的类型和规则

分割层	分割尺度	提取信息	规则（模糊分类定义的成员函数）
Level 1	20	水体 沙地 其他 道路 居民点	NIR<40，B_1<25，length/width>3.283 brightness>200，NDVI<−0.3，Bare Index> 160<Mean(B_3)<180，0.299<Ratio(B_3)<0.31 0.27<Ratio(B_2)<0.371，length/width≥1.6 Shape Index>0.52
Level 2	50	农田 轻度盐渍地	NDVI>0.2，Shape Index>0.52 0.25<Ratio(B_4)<0.31；StDeV(B_4)≤13，not(农田)
Level 3	80	中度盐渍地 重度盐渍地	NDVI>−0.35，StDeV(B_4)≤13，Ratio(B_3)<0.41 PCA1>150，NDVI<−0.36，PAN>210
备注			brightness：对象的多光谱灰度值平均；length/width：对象的长宽比；NDVI（规一化植被指数）：NDVI=(NIR−Red)/(NIR+Red)；Shape Index=$e/4\sqrt{A}$，e 为边长，A 为面积；StDeV：标准差；Ratio：比率；PCA1：主成分融合后的第一主成分；B_1、B_2、B_3、B_4 是AL-SO图像的4个波段

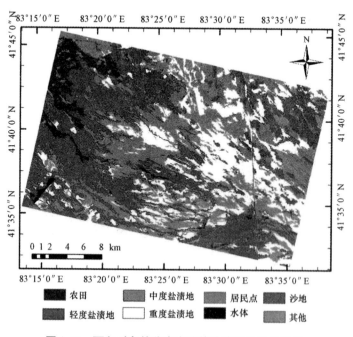

■ 农田	▨ 中度盐渍地	▨ 居民点	▨ 沙地
▨ 轻度盐渍地	□ 重度盐渍地	■ 水体	▨ 其他

图 2-14 面向对象的分类方法的盐渍地分类结果图

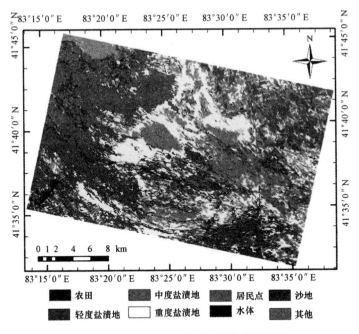

图 2-15 最大似然法的盐渍地分类结果图

4. 分类精度评价

分类精度评价是指比较实际数据与分类结果，以确定分类过程的准确程度。分类结果精度评价是遥感监测中重要的一步，也是对分类结果是否可信的一种度量。通过精度分析，分类者能确定分类模式的有效性，改进分类模式，提高分类精度；最常用的精度评价方法是基于误差矩阵（Erro Matrix）的方法。误差矩阵是一个 N 行×N 列矩阵（N 为分类数），用来简单比较参照点和分类点。为了定量、客观地检验融合前后的分类精度，采用分层随机采样法，对分类的结果进行评价。在分类结果评价中选择了 400 个样点，且保证每类有 30 个以上的样点。为了更好地比较这两种方法，对两种结果采用了同样的精度评价方法进行评价，即分别计算这两种分类结果的混淆矩阵，见表 2-6、表 2-7。

表 2-6 面向对象的分类方法精度评价 ％

精度类别 ＼ 信息类别	农田	轻度盐渍地	中度盐渍地	重度盐渍地	水体	沙地	居民点	其他
用户精度	0.85	0.84	0.94	0.81	1.00	1.00	1.00	0.80
生产者精度	0.84	0.85	0.91	0.98	0.97	1.00	0.87	1.00
分类总精度＝89.38％				Kappa 系数＝0.88				

表 2-7　最大似然法监督分类精度评价　　　　　　　　　　%

精度类别＼信息类别	农田	轻度盐渍地	中度盐渍地	重度盐渍地	水体	沙地	居民点	其他
用户精度	0.84	0.85	0.86	0.57	1.00	0.82	0.82	0.71
生产者精度	0.82	0.72	0.71	0.88	0.86	0.80	0.85	0.89
分类总精度＝81.14%				Kappa 系数＝0.80				

从图 2-14 中可以看出，总体上，盐渍地主要分布在库车河的下游，库—新—沙绿洲的东部和东南部地区。盐渍地的分布在绿洲外部呈片状，且中度盐渍地交错分布在重、轻度盐渍地之间，轻度盐渍地多位于中度盐渍地与农田的过渡地带。

从图 2-14 与图 2-15 的比较中可以看出，基于面向对象的方法提取土壤盐渍化信息，分类效果较好。根据采样点数据分析，发现中、重度盐渍化土壤与沙地、碎砾等光谱特征较相似的地物有了较好的区分；各类盐渍地当中，重度盐渍化土壤信息识别精度最好，农田边缘的轻度盐渍化土壤与农田或中度盐渍化土壤能够区分，有些作物长势不太好的农田也与轻度盐渍化土壤有了一定区分；沙地识别区域都在绿洲外部条形区域，且沙地土壤较干燥地区水体识别较好，这和水体光谱特征与其他地物差别较明显有关。另外，居民点识别精度高，这和居民点与其他地物空间特征差别较明显有关。但是基于传统方法的信息提取结果中，有些土壤湿度较大的中度盐渍地不能被正确识别；有些农田边缘的轻度盐渍化土壤易被误判为非盐渍化或中度盐渍化土壤；有些作物长势不太好的农田易被误判为轻度盐渍化土壤；居民点和沙地与其他地物有些混分。

从表 2-6 和表 2-7 的分类精度评价结果可以看出，面向对象的分类方法的分类总精度和 Kappa 系数分别为 89.38% 和 0.88，而传统的最大似然法监督分类的总精度和 Kappa 系数分别只有 81.14% 和 0.80，前者比后者分类总精度提高 8.24%，Kappa 系数提高 8%，面向对象的分类方法的盐渍地生产者精度、用户精度均明显高于传统分类方法。这是由于传统的基于像元的分类方法对噪声比较敏感，在高分辨率影像中，影像图斑更加破碎，在不考虑邻域像元的情况下，对单个像元的分类往往导致椒盐效应产生。对于盐渍地信息提取来说，传统分类方法分类精度低的原因，除了上面提到的之外，还由于各类盐渍地是交错分布的，另一个重要原因是盐渍地与戈壁、碎砾等光谱特征较相似，从而导致被混分。如果在分类过程中，只依靠盐渍地的光谱特征，而忽略影像提供的盐渍地空间特征、纹理特征、拓扑关系等信息，会造成土壤盐渍化信息提取精度降低。例如，重度盐渍地和沙地光谱相近，按照光谱特征分类，容易造成重度盐渍地和沙地错分，直接导致分类精度降低。又如，重度和中度盐渍地的光谱也很相似，如果不考虑其他特征，也会出现混分现象。为了抑制噪声而广泛采用的滤波方法，实际是以损失影像原始信息为代价的。但是，对于面向对象的分类方法，影像对象所提供的有关空间和拓扑信息及其衍生信息，为盐渍地分类规则的建立提供了可能。另外，多尺度分割下的对象层次结构的建立为图斑大小不同的地物提供了良好的分类平台，增加了类别之间的区分性；同时，父子层之间的信息传递又为信息的综合提供了保证。因此，面向对象的分类方法充分考虑盐渍地的光谱、空间、纹理及上下文关系等信息，能有效避免"假分类"和"椒盐现象"。使用模糊隶属度函数这个分类器进行提取，分类精度和目视效果均得到明显提高。由此可见，面向对象的分类方法在高分辨率遥感影像盐渍地信息提取中具有明显的优势，为盐渍地信息的高精度提取提供了一种较好的技术手段，并将在高空间遥感影像盐渍地信息提取中发挥越来越重要的作用。

第四节　基于地表定量参数的土壤盐渍化信息提取方法

经过一个多世纪的发展，盐渍土研究的理论与方法已经对土壤盐渍化有了较完整的分类分级体系，并提供了相应的量化指标。尽管遥感技术在土壤盐渍化监测中发挥了重要作用，克服了传统方法的很多限制，但是由于量化土壤盐渍化的大多数指标为非物理参数，无法从遥感数据中直接提取，造成土壤盐渍化的遥感监测定量化不足、普适性不强、精度难以满足实时需求。近20年来，定量遥感机理、建模的应用研究快速发展，在农业、林业、资源、环境和灾害等领域应用不断深入。遥感信息定量化是遥感技术发展的需要和必然结果。对于盐渍地分布面积较广、危害较严重的干旱区来说，及时掌握盐渍地空间分布、盐渍化程度、类型等信息是至关重要的。因此，有必要对遥感技术在土壤盐渍化定量监测方面进行进一步的探索和研究。

反映地表特征变化的重要参数包括归一化植被指数（NDVI）、土壤水分、地表辐射温度（LST）、地表反照率（Albedo）、叶面积指数（LAI）、植被盖度等。作为描述地表特征季节性变化的重要因素，这些物理参数基本包含了地表全部能量信息，一定程度上量化了土壤盐渍化发生过程和盐渍化程度的能量交换机制。土壤水分和盐分的增减、地表蒸发量的变化、植被盖度变化、作物生长状况等在土壤盐渍化发生过程都影响地表生态物理参数。因此，地表生态物理参数提供的表面特征在一定程度上能够反映土壤盐渍化及其时空动态。土壤盐渍化发生过程的变化与地表生态物理参数的相应关系可从两个角度理解与分析。

首先，随着土壤盐渍化的发生和程度加剧，地表植被遭到严重破坏，归一化植被指数（NDVI）降低、地表反照率（Albedo）增加、植被盖度下降、地表温度（LST）增加、土壤表层水分减少等。其次，气候干旱又使地表覆盖率降低，潜热通量和感热通量减少，地表温度上升，土壤表面蒸发量增加，使盐分积累在表层土壤导致土壤盐渍化等环境问题。盐渍化土壤比湿润土壤或植被覆盖的地表反照率高，干旱化的扩展使地表反照率变大，影响气候的变化，这是因为此时的地面能量进行了重新分配，导致大气环流结构的变化。干旱、半干旱地区地表反照率的增加，会造成净辐射的减少，相应地，地表感热通量和潜热通量减少，进而导致大气辐合上升减弱，降水减少，进一步加剧地表干旱，土壤湿度减少的结果又使地表反照率上升，形成陆表生态过程的恶性循环。

随着定量遥感技术的理论与方法日益成熟，众多学者开始利用遥感影像数据，并结合野外观测数据，建立遥感影像光谱特征与地表参数之间的函数关系，在地表参数遥感定量反演研究方面进行有意义的探索。在以后的研究中，这种地表参数和光谱特征之间的相互关系模型应用到了地表蒸散、地表温度、森林生物量、叶面积指数反演、大气水汽、旱情监测、作物水分含量、土壤水分监测等领域，取得了大量的成果。

Price、Brest 和 Carlson 等人建立遥感影像光谱特征与土壤水分之间的函数关系，成功反演了土壤水分，并发现在归一化植被指数(NDVI)、地表温度(TS)数据和土壤水分之间形成三角形关系。Ridd、Carlson 等证明，随着研究区生物物理特性的不同，地表温度与植被指数(TS—NDVI)特征空间的三角形或梯形区域分布会发生不同的变化。Moran 和 R. R. Gillies 使用不同数据源构造植被指数特征空间，并利用三角形或梯形的边界来提取与地表能量通量和土壤水分含量相关的信息。Sandholt 等在 TS—NDVI 特征空间的基础上提出了温度植被干旱指数(Temperature Vegetation Dryness Index，TVDI)。许多学者研究发现，昼夜温差与土壤含水量有较强的相关性。Chen 等提出，可以用昼夜温差(Diurnal Surface Temperature Variation，DSTV)或植被指数特征空间估计实际蒸散量。Roerink 等提出用 TS 和 Albedo 构成的特征空间来反演地表能量通量，提出单一地表能量平衡指数(Simplified-Surface Energy Balance Index，S-SEBI)。Sobrino 等对在 Gomez 方法的基础上，使用高空间分辨率数据进行试验，反演的日通量总量精度为 1 mm/d。

詹志明和秦其明等人利用 ETM＋近红外光、红光波段数据建立近红外光(NIR)—红光(Red)光谱特征空间，提出基于红光与近红外光谱空间特征的实时干旱监测模型——垂直干旱指数(Perpendicular Drought Index，PDI)，在此基础上，Abduwasit Ghulam 提出了改进的垂直干旱指数(Modified Perpendicular Drought Index，MPDI)。另外，为了提高沙漠化遥感监测定量化水平，曾永年等人通过野外测试建立了沙漠化程度与 LST—NDVI 特征空间的关系，经过相关性分析，提出了沙漠监测指数(DDI)。对于盐渍化信息提取，哈学萍等人在野外调查的基础上，从多光谱遥感数据中提取地表反照率(Albedo)和盐分指数(SI)，并结合野外观测数据，建立 Albedo—SI 特征空间，构建土壤盐渍化监测指数，并提取了盐渍化信息。历华等在城市热环境变化研究中，发现 NDBI(归一化建筑指数)可以成为规一化植被指数(NDVI)的补充因子。这些研究成果为土壤盐渍化定量遥感监测提供了一个新的思路。利用地表参数与遥感影像光谱特征参量构成的多维特征空间发展土壤盐渍化遥感定量监测方法有巨大的潜力。

因此，本研究在总结前人研究成果的基础上，利用 Landsat TM 数据，结合野外调查数据，充分发掘遥感影像中盐渍化土壤光谱特征信息，建立盐渍化程度与地表特征参量之间的定量关系，以期为土壤盐渍化的遥感监测与评价提供有效的遥感信息模型。

一、土壤盐渍化信息提取方法

关于研究区的详细介绍请见第一章的"渭—库绿洲概况"部分。遥感影像为 2011 年 9 月 22 日成像的 Landsat TM 影像，具体参数见表 2-2。除以往调查数据外，在 2011 年 10 月进行的两次野外考察，数据采集标准相同，主要调查项目包括土壤含盐量、含水量、pH 值、植被样本等，部分数据的统计特征见表 2-8。这些数据用于影像判读和精度检验。

根据前面介绍的几何校正方法对所研究的遥感影像进行几何校正。另外，利用 6S 模型校正参数进行影像大气辐射校正和地表反照率反演等技术处理。通过以上操作获得研究区地表反照率(Albedo)和归一化植被指数(NDVI)图(图 2-16)。

表 2-8 野外实测样本统计特征

样点数	主要景观特征	海拔/m	含盐量 /(g·kg⁻¹)	含水量 /(g·kg⁻¹)	温度/℃	NDVI	Albedo
28	光板地等未利用地，盐壳的厚度为 0～5 cm，重度盐渍化	959	7.101	13.510	20.80	−0.645	0.650
25	平原、撂荒地、草甸、红柳、梭梭、芦苇等，中度盐渍化	955	4.364 3	15.00	20.20	−0.369	0.399 9
30	平原、开荒地、少量沼泽、红柳，轻度盐渍化	962	1.975 8	7.380	19.41	0.236	0.217 7
26	绿洲农田、胡杨林为主，非盐渍化	957	0.227 2	7.758	18.31	0.573 7	0.144 12

二、NDVI－Albedo 特征空间的构建

为了正确表达土壤盐渍化程度与地表参数之间的定量关系，首先要充分理解土壤盐渍化发生过程与地表生物物理参数之间的机理，从而确定地表参数与盐渍

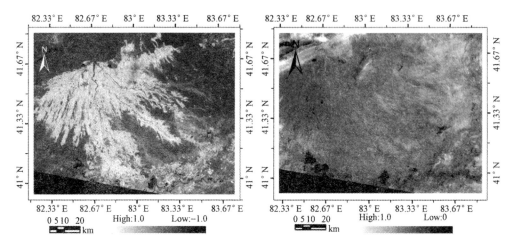

图2-16 研究区域归一化植被指数(NDVI)(左)和地表反照率(Albedo)(右)

化程度之间的关系模型。在此基础上，提出盐渍化遥感定量监测指数的方法。由于研究区盐渍化土壤面积大、类型多样，而且遥感影像上地物光谱特征变化比较复杂，因此，合理选取盐渍化土壤光谱响应特征参量直接决定着土壤盐渍化定量监测精度。

大量研究证明，归一化植被指数(NDVI)能有效地用于植被很多生物物理参量，如植被叶面积指数(LAI)、植被盖度、生物量估算、光合有效辐射吸收系数(APAR)等，是反映地表植被生长过程的重要的生物物理参数。归一化植被指数(NDVI)的计算公式如下：

$$NDVI = (NIR - Red)/(NIR + Red) \qquad (2-2)$$

地表反照率(Albedo)是一个重要的气候参量，对陆地生态系统中的地表能量交换估算尤为关键。它直接控制了太阳辐射能在地表和大气之间的分配，进而又影响着生物系统的物理、生理和生物地球化学过程，并对植物进行光合作用、蒸散、能量平衡、呼吸作用等多种生物化学过程起到重要作用。研究区降水少，在无灌溉条件下，盐渍化土壤近表层土壤湿度受地下水影响较大。Liang等人也建立了对 Landsat TM 数据的地表反照率反演模型，估算了研究区地表反照率。

$$Albedo = 0.356\rho TM1 + 0.130\rho TM3 + 0.373\rho TM4 +$$
$$0.085\rho TM5 + 0.072\rho TM7 - 0.001\ 8 \qquad (2-3)$$

表2-8中，研究利用野外确定的不同程度盐渍化土壤样点及其对应的归一化植被指数(NDVI)影像得到非、轻度、中度、重度盐渍化土壤的平均归一化植被指数分别为 0.573 7、0.236、−0.369、−0.645。显示出随着土壤盐渍化程度的加重，地表植被首先遭受严重破坏，地表植被盖度降低和生物量减少是土壤盐渍化的主

要特征之一，也是判别土壤盐渍化程度的主要指标之一。以相同的方法得到非、轻度、中度、重度盐渍化土壤的平均反照率(Albedo)分别为 0.144 12、0.217 7、0.399 9、0.650。显示出地表温度越高，土壤湿度越低，土壤表面越干燥，土壤盐渍化程度就越高，平均反照率值也越高的特点。因此，反照率参量也能较好地揭示研究区土壤盐渍化信息。

三、NDVI–Albedo 特征空间的盐渍化过程

为了进一步研究盐渍化过程与地表生物物理参数之间的定量关系，即盐渍化过程与 NDVI、Albedo 之间的定量关系，首先，根据研究区盐渍地野外判定指标，确定不同盐渍地的野外样点，并用 GPS 确定各样点的地理坐标；然后，在 NDVI、Albedo 影像上标定不同的盐渍地，并读取其相应区域的 NDVI、Albedo 值。据此，在归一化植被指数(NDVI)和地表反照率(Albedo)组成的二维空间中，得到盐渍地的特征空间[图 2-17(a)]。以相同的方法，在土壤含盐量(salt content)、归一化植被指数(NDVI)、地表反照率(Albedo)组成的三空间维中，得到盐渍地三维特征空间[图 2-17(b)]。

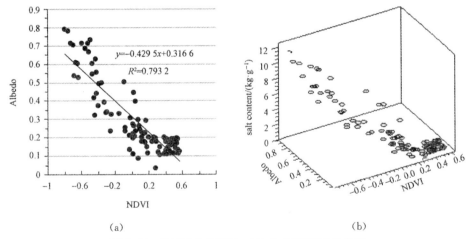

（a）　　　　　　　　　　　　　　（b）

图 2-17　盐渍地在 NDVI–Albedo 特征空间分布图

(a)二维空间分布特征；(b)三维空间分布特征

图 2-17(a)中，散点分布反映出两者之间的关系是比较明显的，在 NDVI 值由很小开始逐渐增加时，地表反照率随之迅速降低，这一过程中 NDVI 值在 −0.4～0.3 最为明显。此后，随着 NDVI 值继续增加，地表反照率缓慢降低。当 NDVI>0.5 时，地表反照率的变化已趋于平稳。

从 NDVI–Albedo–salt content 特征空间可以看出：

$$\text{Albedo}=0.316\ 6-0.429\ 5(R^2=0.793\ 2)\text{NDVI} \tag{2-4}$$

式中，NDVI、Albedo 为经处理的归一化植被指数和地表反照率。该方程的显著性

检验是通过 F 检验来完成的。在置信水平 $\alpha=0.01$ 下查 F 分布表得 $F_{0.01}(1\ 106)=$ 6.871 0。由于 $F=552.474>F_{0.01}(1\ 106)=6.871\ 0$，所以，该回归方程在置信水平 $\alpha=0.01$ 下是显著的。

从以上对土壤盐渍化过程与地表参数之间特征空间的分析中可以看出，在图 2-18 中，利用地表反照率和归一化植被指数的组合信息，通过选取反映盐渍化发生过程和程度的指标，不仅可以客观地表达土壤盐渍化发生过程，而且可以有效区分不同程度盐渍化土壤。因此，利用现有的遥感技术发展土壤盐渍化遥感定量监测方法具有巨大的潜力。

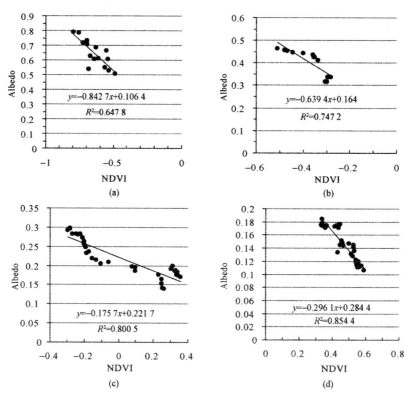

图 2-18 不同程度盐渍化土壤 NDVI—Albedo 特征空间分布图
（a）重度盐渍化土壤；（b）中度盐渍化土壤；（c）轻度盐渍化土壤；（d）非盐渍化土壤

四、盐渍化遥感监测指数确定

在 NDVI—Albedo 特征空间中，不同盐渍化土壤对应的归一化植被指数（ND-VI）和地表反照率（Albedo）具有显著的相关性。在 NDVI—Albedo 特征空间中[图 2-19（a）]，随着地表植被盖度降低，温度升高，地表干旱，从而增加地表反照率，盐渍化程度不断加重。在图 2-19（a）中像元梯形散点图上边界 A—C（暖变）反映了干旱状态下，植被盖度与地表反照率之间存在着明显的线性变化关系。而且 AC 边与盐渍化过程在 NDVI－Albedo 特征空间的趋势线很接近。因此，垂直于 AC 边的直线也能将不同盐渍地有效地区分开来。根据前人在遥感光谱指数方面研究的经验与总结，在 NDVI－Albedo 特征空间中，选择基于代表盐渍化趋势线的垂线来建立区分不同盐渍地的最优指数，即在这些垂直方向上划分 NDVI－Albedo 特征空间，就可以将不同的盐渍地区分开[图 2-19 (b)]。因此，在 NDVI－Albedo 特征空间中指定 EF 为土壤基线，由 E 至 F 土壤盐渍化程度逐渐加重，如图 2-19 (b)所示。

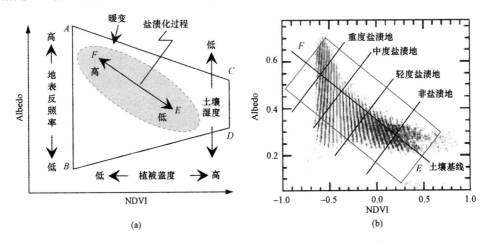

图 2-19 NDVI—Albedo 特征空间及盐渍化过程示意图

经过空间统计特征可以得到土壤基线 EF 的表达式：

$$y = ax + b \qquad\qquad (2\text{-}5)$$

式中 y——土壤反照率（Albedo）值；

x——归一化植被指数（NDVI）值；

a——土壤基线 EF 斜率；

b——土壤基线 EF 在纵坐标上的截距。

因此垂线方向 EF 在 NDVI－Albedo 特征空间的位置可以用其特征空间中简单的二元线性多项式加以表达，即

$$\text{SDI} = a \cdot \text{NDVI} - \text{Albedo} \qquad\qquad (2\text{-}6)$$

式中 SDI——盐渍化遥感监测指数（Salnization Detection Index）；

a——常数；

NDVI——归一化植被指数；

Albedo——地表反照率。

在具体应用中，为减少采样点代表性对式(2-6)的影响，其常数 a 可根据 NDVI－Albedo 特征空间中像元散点图上 EF 的斜率来确定。以上分析表明，SDI 在直观上表现为 NDVI－Albedo 特征空间中垂直于 EF 的各分割直线的位置，其意义

则反映了不同盐渍化土壤在空间的地表盐分、水分组合与变化的差异。

五、结果与分析

本研究中，根据图 2-19 建立研究区盐渍地在 NDVI－Albedo 特征空间分布函数，其数学方程可以用式(2-6)来描述。利用上述公式获得了研究区不同盐渍化土壤的 SDI 分布图，如图 2-20 所示。另外，还利用试验数据和该公式获得了研究区不同盐渍化土壤的 SDI，见表 2-9。

为了进一步检验 SDI 模型精度，利用野外获取的每个采样区内的实测土壤表层 0～10 cm(A 层)、平均盐分数据分别与影像对应点 SDI 进行相关性分析。从实测数据与 SDI 相关性分析中可以看出，SDI 与土壤盐分相关性较高，达到了 $R^2 =$ 0.864 6。通过以上的分析可知，SDI 对土壤盐分较为敏感，也说明模型提取结果基本可靠。

从盐渍化景观、地表参数以及 SDI 分布图(图 2-20)的比较中可以看出，盐渍化监测指数影像较之任何单一的地表参量更能客观地反映盐渍化土壤的分布与程度。在盐渍化遥感监测指数分布图中，颜色越暗的像元表示盐分含量越低，反之越高。从整个研究区来看，SDI 的分布呈现出以下特点：在绿洲内部及其周围 SDI 较低，而绿洲外围地势较低的区域 SDI 较高；SDI 东部高于西部，北部高于南部。这一结果符合研究土壤盐渍化的分布规律的实际情况。

图 2-20　研究区盐渍化遥感监测指数(SDI)分布图

表 2-9 显示不同程度的盐渍化土壤的 SDI 的大小。非盐渍地、轻度盐渍地、中度盐渍地、重度盐渍地的平均 SDI 分别为 0.238 8、0.394 0、0.581 7、0.784 4。

对应表2-10分析与试验观察发现，非盐渍地与盐渍地之间SDI差异明显。其中，非盐渍地与重度盐渍地SDI差异最大，达到0.545 6；非盐渍地与中度盐渍地SDI相差0.342 9；非盐渍地与轻度盐渍地SDI差异最小，只有0.155 2，但是也比较显著。故利用SDI能较有效地提高非盐渍地的遥感解译。SDI也能较好地区分不同程度的盐渍地。另外，轻度盐渍地与重度盐渍地SDI相差0.390 4，有助于分析轻度盐渍地与重度盐渍地的分异。重度盐渍地与中度盐渍地SDI相差0.202 7，也可以较好地分离重度盐渍地与中度盐渍地，说明SDI可以反映区域土壤盐渍化的过程和程度，提高盐渍化信息提取精度。因此，在土壤盐渍化监测中，可以选用能够反映地表盐分、含水量组合与变化的土壤盐渍化遥感监测指数(SDI)作为监测的指标。

表2-9 研究区盐渍地SDI统计

盐渍化程度	非盐渍地	轻度盐渍地	中度盐渍地	重度盐渍地
SDI值	0.238 8	0.394 0	0.581 7	0.784 4

表2-10 研究区不同程度的盐渍地SDI差异矩阵

盐渍化程度	非盐渍地	轻度盐渍地	中度盐渍地
轻度盐渍地	0.155 2	—	—
中度盐渍地	0.342 9	0.187 7	—
重度盐渍地	0.545 6	0.390 4	0.202 7

六、主要结论

本研究利用美国Landsat TM遥感影像数据，结合野外调查数据，对土壤盐渍化程度与地表参数进行相关分析，提出了土壤盐渍化遥感监测指数(SDI)。主要结论如下：

(1)本研究基于土壤盐渍化的本质和表现形式是植被退化这一认识，利用归一化植被指数(NDVI)和地表反照率(Albedo)两个地表定量参数作为揭示土壤盐渍化发生过程的重要参数，建立了NDVI—Albedo构成的二维特征空间。

(2)对盐渍化土壤在NDVI—Albedo特征空间的分布规律进行分析发现，轻、中、重度盐渍化土壤在NDVI—Albedo构成的二维特征空间存在显著的线性分布特征，提出了综合反映盐渍化土壤生物物理特征的盐渍化遥感监测指数(SDI)。

(3)由于所选取的指标简单易懂、易于获取，具有明确的生物物理意义，因此，该模型比较客观地反映了盐渍化土壤地表覆被、水热组合及其变化情况，有助于综合分析土壤盐渍化发生的过程和遥感监测。

(4)从土壤盐渍化遥感监测指数(SDI)来看，不同程度的盐渍化土壤的SDI有较明显的差异，说明 SDI 能较好地区分不同盐渍化土壤。土壤盐渍化遥感监测指数（SDI）的构建可以反映区域土壤盐渍化的过程和程度，有利于定量分析。

（5）从整个研究区来看，盐渍化遥感监测指数（SDI）的分布呈现出以下特点：在绿洲内部及其周围 SDI 较低，而绿洲外围地势较低的区域 SDI 较高；SDI 东部高于西部，北部高于南部。

第五节　基于融合方法的土壤盐渍化信息提取方法

随着许多新传感器投入使用，遥感影像在空间分辨率、辐射分辨率和光谱分辨率方面都有了很大的提高，人们纷纷选择 IKONOS、QUICKBIRD 等高分辨率影像监测土地利用或覆盖度变化。但由于这些数据价格昂贵、监测范围小等原因，不便于及时、准确地掌握土壤盐渍化的动态变化和空间分布规律。日本 ALOS 卫星是 2006 年发射的陆地资源卫星，其分辨率高、性能好、数据价格低，对土壤盐渍化专题信息提取及动态监测具有强大优势，更重要的是 ALOS 全色波段（PRISM）与多光谱波段（AVNIR－2）来自同一传感器系统，有相同的太阳高度角和其他环境条件，影像获取时间一致，这就为两种不同分辨率的数据可以不经配准实现高精度融合提供了可能，使它成为环境监测、资源调查等工作的重要数据源。

与单源遥感数据相比，多源遥感数据所提供的信息具有冗余性、互补性、合作性、信息分层的结构特性、低成本性等特点。遥感影像数据融合是为了消除冗余，互补优势，提高遥感影像数据的空间分辨率和光谱分辨率，增强遥感影像判读的准确性，提高变化监测能力，替代或修补影像的缺陷等。虽然将融合影像用于提高影像分类精度的研究不少，但存在分类精度不高或融合方法难以使用等问题。

本研究以 ALOS 全色波段和多光谱数据为数据源，首先分析与比较 HIS 变换、PCA 变换、GRAM－SCHMIDT 变换、WAVELET 变换四种方法，然后用 BP 神经网络分类方法提取盐渍地信息，通过分析不同融合影像对盐渍地信息提取的精度，确定适宜的盐渍地信息提取的融合方法，为土壤盐渍化监测提供更可靠的基础数据。

一、融合原理与方法

1. 遥感影像融合的概念

数据融合（Data Fusion）的概念最早在 20 世纪 70 年代由美国学者提出，当时并未引起足够重视，直到 20 世纪 80 年代以后在军事应用中受到青睐。Pohl 和 Genderen 对影像融合做了如下定义：影像融合就是通过一种特定算法将两幅或多幅影像合成一幅新影像。

2. 遥感影像融合的过程

多源遥感数据融合(Iamge Fusion)的实质是对从单一或多个传感器数据源获得的数据进行复合,从而改善影像质量,有利于影像分析应用。在影像融合之前,必须对待融合影像进行空间配准、去噪、几何校正、辐射校正、压缩和滤波等预处理。一般来说,遥感影像融合的过程可以分为预处理层、信息融合层、应用层三个阶段。以 ALOS PAN 与 AVNIR－2 的三波段(B_1、B_2、B_3)为例,给出遥感影像融合的流程,如图 2-21 所示。

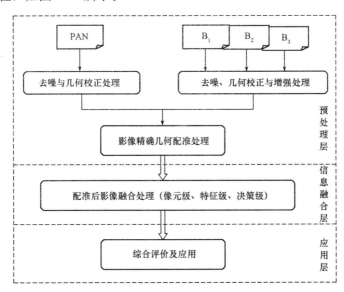

图 2-21 遥感影像融合基本流程

3. 多源遥感数据融合的分类

按照融合的水平及特点,多源遥感数据融合主要可分为像元级融合、特征级融合、决策级融合三类。

(1)像元级融合(Pixels－Level Fusion)是一种低水平的融合。其融合流程如图 2-22 所示。

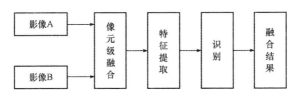

图 2-22 像元级数据融合

(2)特征级融合是一种中等水平的融合。首先对来自不同传感器的原始数据进行特征提取,产生如边沿、形状、轮廓、方向、区域和距离等特征矢量,然后再对从多个传感器获得的多个特征信息进行综合分析和处理。特征级数据融合流程如图 2-23 所示。

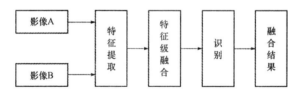

图 2-23　特征级数据融合

(3)决策级融合是最高水平的融合。决策级融合是在信息表示的最高层次上进行的融合处理，其融合结果直接为指挥、控制、决策系统提供依据。其融合流程如图 2-24 所示。

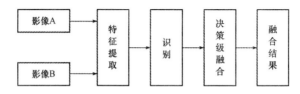

图 2-24　决策级数据融合

以上三种多源遥感数据融合的方法都有各自的特点，在具体的应用中应根据融合目的和软件、硬件条件选用。表 2-11 是对上述三种方法特点的综合比较。

表 2-11　不同层次影像融合特点比较

融合层次	信息损失	实时性	精度	容错性	抗干扰力	计算量	融合水平
像元层	小	差	高	差	差	小	低
特征层	中	中	中	中	中	中	中
决策层	大	强	低	强	强	大	高

4. 融合算法简介

多源遥感数据融合的关键就是融合算法。根据不同的应用目的及处理对象要选择不同的算法，目前融合的算法有很多，表 2-12 列举了一些常用的算法，它们分别适用于像元级、特征级、决策级三种融合方法。

表 2-12　影像融合算法分类

像元级	特征级	决策级
小波变换	Bayes 估计	人工神经网络

续表

像元级	特征级	决策级
IHS 变换	D-S 算法	专家系统
代数法	人工神经网络	Bayes 估计
K-T 变换	熵法	模糊逻辑法
主成分分析	聚类分析	D-S 算法
Brovery 变换	综合平均法	基于知识的融合法
Kalman 滤波法	乘积变换	可靠性理论

（1）主成分分析（Principal Component Analysis，PCA）融合法。主成分分析是建立在影像统计特征基础上的多维线性变换。其几何意义是将原始特征空间的特征轴旋转到平行于混合集群结构轴的方向，得到新的特征轴，具有方差信息浓缩、数据量压缩、信息增强等特点。此方法在对具有相关因子的多源数据进行融合时具有显著优势，数学上称为 K-L 变换。

例如，利用 PCA 方法对 ALOS 的全色与多光谱数据进行融合时，首先将 ALOS 个多光谱波段 PCA 变换为四个独立的主成分，第一主成分包含四个波段共同和唯一的光谱信息，因此，用 ALOS 全色波段代替第一主成分进行主成分逆变换完成融合。以 ALOS PAN 与 AVNIR-2 的三波段（B_1、B_2、B_3）为例，给出 PCA 变换影像融合的流程，如图 2-25 所示。

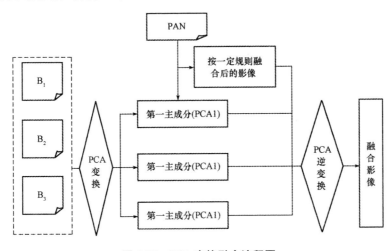

图 2-25　PCA 变换融合流程图

（2）IHS（Intensity Hue Saturation）变换融合法。IHS 变换是基于 HIS 色彩模型和应用广泛的融合变换方法。IHS 变换是在遥感影像融合中经常用到的一种方法。IHS色彩变换先将多光谱影像进行彩色变换，分离出强度 I(Intensity)、色度 H(Hue)和饱和度 S(Saturation)三个分量。然后将高分辨率全色影像与分离的强度分量进行直方图匹配，再将分离的色度和饱和度分量与匹配后的高分辨率影像按照 IHS 反变换，进行彩色合成。此变换是为相关数据提供色彩增强、地质特征增强、空间分辨率的改善以及不同性质数据源的融合。基于 IHS 变换的融合方法的优点是使融合影像不仅比原多光谱影像提高了空间分辨率和清晰度，而且较大程度地保持了其光谱特征，很大程度上提高了遥感影像的被判读解译和量测的能力。这种方法只能同时对三个波段的多光谱影像和全色高空间分辨率影像进行融合，而且要求多光谱影像和全色影像尽可能相关。基于 IHS 变换的融合方法已经成功应用于 MSS 和 HBV，SPOT PAN 和 SPOT XS，SPOT PAN 和 TM 等。RGB 与 IHS 之间的数学变换公式有很多种。

ALOS PAN 与 AVNIR－2 基于 IHS 彩色空间变换的融合流程，如图 2-26 所示。

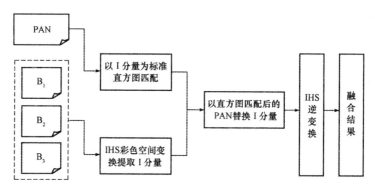

图 2-26　IHS 变换融合流程图

(3)Gram－Schmidt 变换融合法。Gram－Schmidt 变换是线性多元统计和代数中常用的方法，它是通过对多维影像或者矩阵进行正交变换来消除冗余的信息。Gram－Schmidt 变换与 PCA 变换的区别在于：经过 PCA 变换后的遥感影像，其信息主要集中在第一主成分上；而 Gram－Schmid 变换，只是对遥感影像进行了正交变换，而变换后的影像各个分量的信息并没有发生变化。最近，基于 Gram－Schmidt 变换方法的融合技术发展很快。基于 Gram－Schmidt 变换的融合方法过程如图 2-27 所示。

(4)小波(Wavelet)变换融合法。小波变换是一种新的多分辨时频信号分析工具，是介于函数的时间域(或空间域)表示和频率域表示之间的一种表示方法。小波变换具有变焦性、信息保持性和小波基本选择的灵活性等优点。基于小波变换融合的思想是：首先将待融合的影像重新采样成尺度大小一致的图像，再将它们用小波变换算法分解为不同分辨率的子图像，信息融合一般在分解后的高频子图

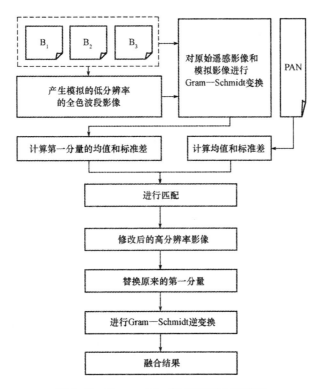

图 2-27　Gram—Schmidt 变换融合流程图

像上进行，最常用的方法是：计算高频子图像上每个像元的局部平均梯度（或局部方差、局部能量），以该像元的局部平均梯度（或局部方差、局部能量）为准则，确定融合后的高频子图像上像元的值。标准的基于小波变换的影像融合一般包含以下几个步骤：

第一步：使用小波正变换对低分辨率的 ALOS AVNIR－2 影像进行一次分解，得到低频图像（近似图像）和细节图像。

第二步：使用小波正变换对高分辨率的 ALOS PAN 影像进行一次分解，得到低频图像和细节图像。

第三步：用经一次分解的 ALOS AVNIR－2 影像的低频图像替换经一次分解的 ALOS PAN 影像的低频图像；使用小波逆变换，对 ALOS PAN 影像经替代的低频图像和 ALOS PAN 影像的细节图像进行重建，得到新的经处理后融合的 ALOS AVNIR－2 影像。

以 ALOS PAN 与 AVNIR－2 为例，小波变换影像融合方法框图如图 2-28 所示。

5. 影像融合评价标准

影像融合的一个重要步骤就是对融合的结果进行评价，但一直没有统一的标

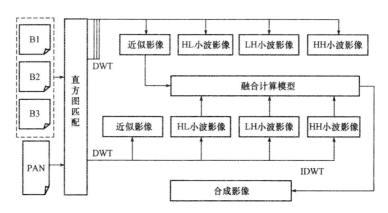

图 2-28　小波变换影像融合方法框图

准，一般可分为主观评价和客观评价，也可以结合起来使用。主观评价是通过目视效果进行分析；客观评价就是利用影像的统计参数进行判定，可以弥补主观评价的不足。

常用于衡量信息量的统计参数有均值、方差、信息熵、联合熵、标准差、扭曲程度、平均梯度、相关系数等。各种统计参数的定义如下：

（1）均值（$\overline{D}$）：均值为影像中像元的平均灰度值，对人眼反映为平均亮度，如果均值适中，则视觉效果良好。

$$\overline{D} = \frac{\sum_{i=1}^{M}\sum_{j=1}^{N}D(i,j)}{M \times N} \tag{2-7}$$

式中　$D(i, j)$——像元灰度值；

M、N——影像的总行、列数。

（2）信息熵（H）：信息熵是衡量影像信息丰富的一个重要指标，根据 Shannon 信息论的原理，影像的熵定义为

$$H = -\sum_{i=0}^{255}P_i \ln P_i \tag{2-8}$$

其中 P_i 为灰度，等于 i 的像元数与总的像元数的比。熵的大小反映了影像携带的信息量的多少，融合影像的熵值越大，说明融合影像携带的信息量越大。

（3）标准差（σ）：标准差反映了影像像元灰度相对于灰度平均值的离散情况，在某种程度上，标准差也可用来评价影像反差的大小。当标准差较大时，影像灰度级分布较分散，影像的反差也较大，地物间可分性也就较高。其定义为

$$\sigma = \sqrt{\sum_{i=1}^{M}\sum_{j=1}^{N}\left[D(i,j) - \overline{D}\right]^2 / (M \times N)} \tag{2-9}$$

式中　$D(i, j)$——像元灰度值；

$\overline{D}$——像元平均灰度值；

M、N——影像的总行、列数。

(4)扭曲程度(D^k)：影像光谱扭曲程度直接反映了多光谱影像的光谱失真程度。第 k 个光谱分量的光谱扭曲程度定义为

$$D^k = \frac{1}{M \times N} \sum_{i=1}^{M} \sum_{j=1}^{N} \mid D(i,j) - A(i,j) \mid \qquad (2\text{-}10)$$

式中　$A(i, j)$——源影像灰度值；

　　　$D(i, j)$——融合影像灰度值；

　　　M、N——影像的总行、列数。

二、融合方法在土壤盐渍化信息提取中的应用

本研究采用 ALOS 影像数据，影像数据有四个多光谱波段(10 m)和一个全色波段(2.5 m)，分别为：B(B_1：450～520 nm)、G(B_2：520～600 nm)、R(B_3：630～690 nm)、NIR(B_4：760～900 nm)、全色波段 PAN(450～900 nm)。图 2-29 所示为 ALOS 多光谱影像和全色影像。

(a)　　　　　　　　　　　　　　　　　　(b)

图 2-29　研究区 ALOS 多光谱影像和全色影像
(a)ALOS 多光谱影像；(b)ALOS 全色影像

图 2-29(a)是 ALOS 多光谱影像，在影像上盐渍地呈现不规则的由暗到亮白色片状分布或与红柳地、梭梭、农田杂间分布。重度盐渍地的影像特征呈现白色调，且中度盐渍地比较模糊。图 2-29(b)是 ALOS 全色影像，在影像上重度盐渍地由于表面形成盐霜或盐结皮，表面光滑和干旱，表现为较亮色调；另外，农田、河流、道路、居民点等线性结构和构造纹理较清晰。

按照前面介绍的几何校正和辐射校正方法对遥感影像进行几何校正。基于以上融合方法和原理，本研究采用 PCA 变换、IHS 变换、Gram－Schmidt 变换、小波变换进行了融合试验，结果如图 2-30 所示。为了定量评价上述几种融合影像的效果，利用均值、标准差、信息熵、清晰度进行客观定量评价。其中，均值、标

准差是对影像光谱信息畸变的度量，而信息熵和清晰度则反映了融合影像的信息量和清晰度。计算结果见表 2-13。

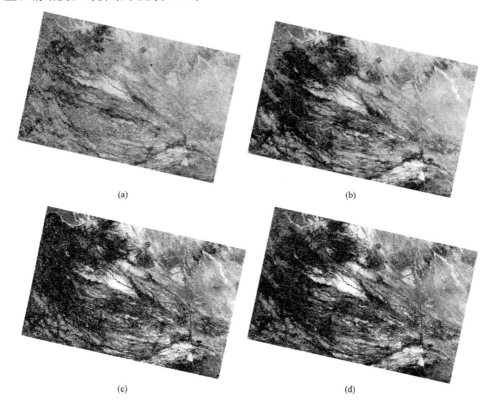

(a)　　　　　　　　　　　　　　　　　(b)

(c)　　　　　　　　　　　　　　　　　(d)

图 2-30　不同融合方法的结果

(a)IHS 融合影像；(b)PCA 融合影像；(c)Gram—Schmidt 融合影像；(d)小波融合影像

表 2-13　遥感影像融合结果统计表

融合方法	波段号	均　值	标准差	信息熵	清晰度
原始全色影像	PAN	114.937	83.796	5.702	20.530
原始多光谱影像	$B_4(R)$	75.441	29.258	5.832	10.084
	$B_3(G)$	166.163	65.708	6.882	9.447
	$B_2(B)$	149.814	58.211	6.702	8.528
IHS 融合	R	60.557	61.715	5.927	18.850
	G	81.023	79.680	5.634	18.324
	B	67.640	70.963	5.996	17.727
PCA 融合	R	55.472	28.414	6.341	20.002
	G	155.803	64.521	6.962	21.353
	B	149.824	58.171	6.451	19.115

续表

融合方法	波段号	均　值	标准差	信息熵	清晰度
Gram—Schmidt 融合	R	60.010	28.335	6.298	22.091
	G	132.934	64.706	7.015	23.376
	B	119.238	58.311	6.588	20.873
小波融合	R	75.462	23.164	6.186	24.091
	G	165.779	52.812	7.320	23.376
	B	145.800	46.981	7.157	22.873

通过观察试验结果可以发现，融合影像的空间分辨率都有了一定的提升，较融合前多光谱影像更清晰，更容易判读(图 2-30)。其中，IHS 融合影像与原始影像相比，对盐渍地信息的提取改善不明显，而且重度盐渍地有弱化的趋势，与周围地物的对比度变小，而且整个影像的对比度下降。PCA 变换融合后的影像与原影像相比重度盐渍地变得更加明显，而且与亮度较大的黏土区的区别加大，但是中、轻度盐渍地与其他地物的区分有没有明显改进。Gram—Schmidt 变换融合后的影像上重、中度盐渍地锐化的趋势比较显著，与周围地物的对比度变大，但是轻度盐渍地与周围地物有一定的混分。小波变换融合后的影像较原影像重度盐渍地变得最突出，呈现深蓝色，且中、轻度盐渍地与其他地物的区分有较大改进。由此可见，上述几种融合算法都能不同程度地保留原多光谱影像信息，同时，能有效地提高影像的空间结构信息量和纹理细节表现力。融合后影像的分辨率、清晰度、光谱特征等都得到了一定的提高，对于解译和分类是有益的，有利于提高识别各种盐渍地信息的正确率。小波变换在影像的质量改善方面效果最好，Gram—Schmidt 次之，IHS 和 PCA 变换效果较差。

从融合结果统计表(表 2-13)看，对信息熵和清晰度这两个指标来说，无论何种算法，融合后的影像各个波段的这些参数值都得到了不同程度的提高。其中，小波融合影像的均值与多光谱影像最接近，标准差最小，而且信息量和清晰度最大，说明其融合后的影像光谱信息损失最小；其次是 Gram—Schmidt 融合影像。IHS 和 PCA 融合方法，均值、标准差和相关系数与原多光谱影像相差较大，说明光谱信息变化较大。从对以上融合方法效果的主观和客观评价来看，四种融合方法中，小波变换融合法所得的融合影像使 ALOS 多光谱影像和全色影像的有机结合，不仅更好地保持了影像光谱特征，空间分辨率提高明显，而且其清晰度和信息熵(信息丰富程度)是最大的，性能稳定，所以取得了比较理想的融合效果，对后续盐渍化信息解译和分类是最合适的，且与目视评价结果一致。

1. 土壤盐渍化信息提取精度分析

随着神经网络系统的发展，神经网络技术日益成为遥感数字影像处理的有效手段，并有逐步取代最大自然法的趋势。因此，本研究采用其中应用最为广泛的 BP 神经网络模型提取土壤盐渍化信息，如图 2-31 所示。

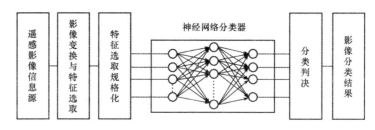

图 2-31　基于人工神经网络遥感影像分类系统

结合土壤盐渍化分类要求，神经网络的设计构造为：输入层的节点数为参与分类的 ALOS 多光谱影像的波段数；中间的隐含层为 1 层；输出层节点数为分类结果的类别数。经过比较融合影像各波段之间的相关系数、融合后的信息量以及训练样区的分离度情况，对比以下两种方式对土壤盐渍化分类的效果：①单独使 ALOS 多光谱影像的 1、2、3、4 波段作为神经网络的四个输入节点；②对全色和多光谱波段进行小波融合，输入节点为融合后的 1、2、3、4 四个波段。融合前后影像的分类结果如图 2-32 所示。

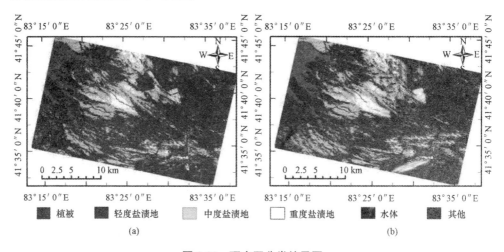

图 2-32　研究区分类结果图

(a)ALOS 多光谱影像分类结果；(b)小波融合影像分类结果

在遥感数据分类过程中，精度分析是一项不可缺少的工作。利用野外采集的样点数据作为真实数据，并结合渭—库绿洲土地利用图，用基于误差矩阵的精度评价方法进行精度验证，结果见表 2-14 和表 2-15。

表 2-14　ALOS AVNIR－2 多光谱影像分类混淆矩阵　　　　　　　　　%

分类类别	实际类别						
	水体	植被	重度盐渍地	中度盐渍地	轻度盐渍地	其他	用户精度
水体	56.54	8.27	5.54	0.04	0.00	0.00	70.15

续表

分类类别	实际类别						
	水体	植被	重度盐渍地	中度盐渍地	轻度盐渍地	其他	用户精度
植被	13.63	76.01	11.81	0.08	0.00	0.00	86.18
重度盐渍地	13.90	15.23	63.87	7.21	0.38	3.65	75.48
中度盐渍地	4.24	0.44	18.63	68.88	18.17	15.71	71.93
轻度盐渍地	0.92	0.06	0.13	20.52	63.19	32.70	66.49
其他	10.50	0.00	0.01	3.25	18.27	47.90	71.86
总和	100	100	100	100	100	100	
生产者精度	69.53	76.03	73.87	68.93	63.19	77.91	68.81
分类总精度＝73.81%				Kappa 系数＝0.69			

表 2-15 ALOS AVNIR－2 多光谱与 PRISM 全色融合图像分类混淆矩阵 %

分类类别	实际类别						
	水体	植被	重度盐渍地	中度盐渍地	轻度盐渍地	其他	用户精度
水体	92.23	0.00	0.00	0.00	0.57	0.67	85.05
植被	0.53	88.37	0.37	3.53	3.80	1.73	82.18
重度盐渍地	0.00	0.00	81.23	1.80	0.83	2.03	83.34
中度盐渍地	0.27	1.87	8.57	82.37	3.57	3.57	81.20
轻度盐渍地	1.40	4.13	5.93	6.53	89.37	4.07	80.17
其他	5.57	5.63	2.90	4.77	3.87	87.93	82.22
总和	100	100	100	100	100	100	
生产者精度	91.23	82.37	82.21	82.17	81.24	80.55	82.06
分类总精度＝82.781%				Kappa 系数＝0.801			

比较分类结果(图 2-32)，并与原始影像做叠加分析，小波融合影像分类图光滑性效果好，各类盐渍地边界线清晰，分类结果较好。

从分类精度可以看出，对盐渍地分类，采用 ALOS 全色波段和多光谱波段小波变换融合法，分类精度和 Kappa 系数均高于原始多光谱影像，说明小波融合影像分类精度优于原始多光谱影像。这主要由于 ALOS 多光谱影像数据是记录地物波谱反射、辐射特征的微弱差异，具有较高的光谱分辨率，可以反映地物的光谱特征。计算机分类土壤盐渍化信息提取主要是基于其光谱响应特征，根据前人的研究发现，与非盐渍土壤相比，盐渍土壤在可见光和近红外波段光谱反射强，且土壤盐渍化程度越高，光谱反射越强；地面植被覆盖、土壤含水量也会影响盐渍土壤的光谱响应模式：受植物覆盖层的影响，会显示近红外反照率降低，影像色调较暗；土壤水分的影响是，土壤水分含量越高，土壤反照率越低，干燥土壤的反照率比潮湿土壤高。通过多次实地考察可知本研究区的盐渍化程度比较严重，重、中、轻度盐渍地都具有比较明显且独特的光谱反射特征。重度盐渍地基本无植被覆盖(植被盖度低于1%)，表面有明显的盐结皮或盐霜(盐壳的厚度为5～10 cm)，因此，重度盐渍地有比较高的土壤反照率；中度盐渍地植被盖度低(5%左右)，表面也有一定的盐壳(厚度为2～5 cm)，表面土壤含水量比重度盐渍地高一些，因此土壤反照率低于重度盐渍地；轻度盐渍地植被盖度高于中度盐渍地(15%左右)，主要由盐生植被覆盖，土壤湿度一般，因此，土壤反照率明显低于中度盐渍地。本研究区盐渍化程度的这些特征使其具有比较大的重、中、轻度盐渍地土壤反照率差异，因此它对分类结果提供了有利条件，从分类结果可以看出分类效果与精度比较理想。在ALOS全色影像上盐渍地由于表面形成盐霜或盐结皮，表面光滑和干旱，表现为较亮色调。另外，农田、河流、道路、居民点等线性结构和构造纹理较清晰，使得两种数据的结合使用能够扩大地物的波谱灰度值，可改善有些扭曲的光谱特征，获得清晰的影像，自动发现变化图斑。另外，融合后空间分辨率在一定程度上有了提高，各类盐渍地边界轮廓等变得更加清晰，有利于提高解译和分类精度。因此，利用小波融合影像分类提取土壤盐渍化信息能够取得较好的分类效果。结论如下：

(1)小波变换融合法相对于HIS、PCA、Gram－Schmidt等传统方法，在有效提高影像空间分辨率的同时，能更好地保持影像光谱特征，在影像信息熵、清晰度和光谱特征保持上都表现得更胜一筹。

(2)基于小波变换融合法的影像分类相对于单纯的ALOS多光谱影像分类，分类精度有了一定的提高(提高9%)，适用于该研究区ALOS全色影像和多光谱影像融合，可提高土壤盐渍化监测精度。

(3)影像融合可以在三个不同的层次上进行，即像元(pixel)层、特征(feature)层和决策(decision)层。这三个层次的融合各有优劣，本研究主要是针对像元层融合，特征层和决策层融合方法对土壤盐渍化信息提取的作用和效果有待于进一步研究。

第三章　雷达遥感数据在土壤盐渍化信息提取中的应用

第一节　雷达遥感在土壤盐渍化监测中的潜力分析

相对于传统光学遥感监测存在的问题，微波遥感的优势明显，具有独特的全天候、全天时数据获取能力及对一些地物的穿透性，这是可见光和红外遥感所不具备的优点。雷达遥感所使用的波长比光学遥感的要长，空间分辨率高，不受天气的影响和制约，而且能够穿透植被冠层而获得丰富的植被下面的土壤信息，有助于增强对土壤盐渍化的识别和监测。因此，利用微波遥感来监测土壤盐渍化将是对光学遥感方法很好的补充和发展。目前，雷达遥感已经在土壤水分监测，农作物种类、长势监测，森林类型识别和土地利用调查等领域开始应用。

随着微波的发展，不少学者也对用微波遥感技术进行土壤盐渍化监测做了探讨和研究。微波遥感具有全天候、全天时的特点，微波 C、P 特别是 L 波段对监测土壤盐渍化很有潜力。盐度与介电常数有着很密切的关系，在一定的微波频率下，复介电常数的实部随着盐度的增加而降低，而虚部则随之升高。虚部对盐度的敏感性随着频率的降低而增高，并认为 L 和 C 波段传感器的结合可用来进行土壤盐渍化的监测。近年来，一些学者把土壤水分反演的一些模型和算法，如 SPM（Small Perturbation Model）、POM（Physical Optics Model）、DM（Dubois Model）、CM（Combined Model）等，应用于土壤盐渍化研究，并且为了消除反演中植被的影响，后来又提出了 VC（CM）［Vegetation Corrected（Combined Model）］模型。2003年，Fouad Al−Khaier 对地表阻抗 Rs 与盐度的关系进行研究表明：当土壤平均盐分小于 7.7 dS·m^{-1}时，作物不受影响，Rs 与 Ece 之间只有很小的相关性，在这个范围之内，作物生长繁茂；当 Ece 介于7.7 dS·m^{-1}与 27 dS·m^{-1}之间时，作物的地表阻抗随着土壤中平均的 Ece 的增加而增强。因此，Ece 的值越大（盐分越多），作物越难从土壤中吸取水分，地表的阻抗也就越强。土壤的盐分和作物地表阻抗之间的相关很明显：当 Ece 大于 27 dS·m^{-1}，时，作物已经受不了盐分的影响。因此，Ece 与地表阻抗之间的相关性再次减弱。依据介电常数与土壤水分、盐分的关系模型，就可以将后向散射系数与土壤含水量、含盐量结合起来。介电常数与含水量、含盐量的关系已经有一定的模型来描述：对于非盐渍化土壤，有Dobson、Hallikaincn、Topp等模型；对于盐渍化土壤，文献对此做了一定的探讨，但还不够完善。熊文成对盐渍化干旱区的情况进行了探讨，发现后向散射系数差与大介电常数虚部差成较好的线性关系，这为反演土壤含盐量提供了一定依据，但由于介电常数虚部是由含水量、含盐量两个量决定的，所以，要直接反演出含水量、含盐量还需要进一步研究。

本研究针对干旱区土壤盐渍化灾害的调查与评价问题，以3S技术为手段，以创新技术方法和应用示范研究为目的，构建基于微波遥感的干旱区土壤盐渍化信息提取新算法，开展微波遥感在土壤盐渍化监测方面的应用示范研究，为干旱区土壤盐渍化、沙漠化等环境恶化问题的解决提供新的技术手段。

第二节 雷达数据简介

本研究针对土壤盐渍化传统光学遥感监测存在的诸多问题，在多次野外实地考察的基础上，选择多极化、多波段微波遥感数据，深入分析研究区盐渍化土壤及其背景地物的后向散射特征以及极化特征，同时，通过对多时相信息和相关信息的分析，探讨在时间序列上地物散射特征的变化，开展盐渍地识别与分类，并进行精度验证。研究实用的主要数据见表3-1。

表 3-1 研究区主要 SAR 数据

序号	传感器	波段	极化方式	入射角	接收时间
1	SIR−C	L, C	HH, HV	42.53°	1994 年 4 月 11 日
2	SIR−C	L, C	HH, HV	42.53°	1994 年 10 月 3 日
3	Radarsat	C	HH	36.71°	2001 年 3 月 21 日
4	Radarsat	C	HH	36.71°	2001 年 10 月 23 日

野外考察对土壤盐渍化遥感研究很重要，它是开展实际研究的基础和对研究结果的有力验证。本研究多次对研究区进行考察，并获取了研究区的景观、土壤盐渍化特征、水文地质、地形地貌和生态环境等重要资料。图3-1为土壤样本分布图。

雷达影像的处理某些方面可以继承光学遥感影像的处理方法，但有更多不同之处，原因在于雷达是一种主动式传感器，工作在微波波段，靠相干波成像，成

图 3-1 野外考察采样点 SAR 影像上的分布图

像机理复杂，有特殊的辐射和几何畸变，信息形成的机理和信息提取的方法有很大的作用。

雷达影像几何粗、精校在概念上和算法上与光学遥感影像的几何校正有较大的差别。从接收原始数据到成像再到后期应用，SAR 影像要经历比光学遥感影像更为复杂的技术处理，整个过程按其目的的不同可以分为信号处理、影像（预）处理和应用信息提取三个阶段。其中，影像预处理介于成像和后期应用的中间环节，其目的是通过一系列的技术处理过程来保证后期应用 SAR 数据的可靠性和准确性，它包括辐射定标、噪声平滑、几何校正等几项重要工作。本研究主要针对雷达数据的特点，探讨较佳的处理方法。

第三节 雷达数据处理与分析

一、SAR 影像斑点噪声与评价

在进行雷达影像校正时，由于雷达影像较多地受到斑点噪声的影响，因此造成选取控制点时有较大的误差。为了避免斑点噪声对选取控制点的影响，本研究首先进行斑点噪声的去除，然后对雷达影像进行校正。

由于 SAR 发射的是相干波，当成像雷达发射的纯相干波照射到目标时，目标上的随机散射面的散射信号与发射的信号之间会产生干涉，结果会使影像相邻像元点之间的灰度围绕着某一均值随机地起伏变化，表现为影像灰度的剧烈变化，即在 SAR 影像的同一片均匀区域，有的分辨率单元呈亮点，有的则呈暗点，这种现象被称为斑点现象，这种严重影响 SAR 影像质量的噪声称为斑点噪声（Speckle）。它的存在严重干扰了地物信息的提取与 SAR 影像的应用效果，噪声严重时，甚至可能导致地物特征消失，在影像信息提取时，往往会产生虚假信息，影响了 SAR 影像的应用。因此，研究抑制斑点噪声的方法对 SAR 影像的应用有着重要意义。

常见的空间域滤波算法包括：①传统方法，如中值滤波、均值滤波，这类方法的缺点是平滑噪声的同时损失了边缘信息；②模型方法，如 Kalman 滤波器、Lee 滤波器等；③局域统计自适应滤波，如 Kuan 滤波器、增强 Lee 滤波器、增强 Frost 滤波器等；④几何滤波，如 Gamma MAP（最大后验概率）滤波器。

对滤波效果进行评价可以选用不同的因子，其中应用最多的是平滑指数 F 和边缘保持指数 FI。平滑指数是滤波处理后各地类图斑中所有像元的均值与其标准差的比值。它表征各滤波器对各种地类图斑的平滑能力，F 值越高，表示平滑作用越强，滤除的效果越明显。其计算公式为

$$FI = M/SV \tag{3-1}$$

斑点噪声指数（β）：在一个均匀区域，影像的标准差 SD 与均值 I 的比值，是一个衡量相干斑强度极好的测量度，这个值称为斑点噪声指数，β 值越高，斑点噪声能力越好。用公式表示为

$$\beta = SD/I \tag{3-2}$$

边缘保持指数表示处理后滤波器对边界的保持能力。其分为水平边缘保持指数和垂直边缘保持指数。边缘保持指数值越高，边缘保持能力越好。其计算公式为

$$ESI = \frac{\sum_{i=1}^{m} |DN_{filter\,R1} - DN_{filter\,R2}|}{|DN_{original\,R1} - DN_{original\,R2}|} \tag{3-3}$$

式中　m——影像像元的个数；

　　$DN_{filter\,R1}$、$DN_{filter\,R2}$——沿滤波后影像边缘交接处左右或上下互邻像元的灰度值；

　　$DN_{original\,R1}$、$DN_{original\,R2}$——沿原始影像边缘交接处左右或上下互邻像元的灰度值。

另外，还采用均值、标准差、信息熵等影像统计参数对滤波前后的影像进行度量。图 3-2 所示为经过滤波处理的影像与原始影像的比较。

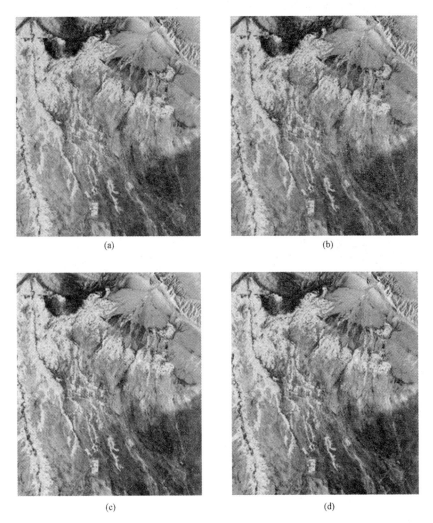

图 3-2 SIR－C 影像各种滤波影像比较(R：L－HH，G：LHV，B：C－HH)

(a)原始影像；(b)Local Sigma 滤波影像；(c)Frost 滤波影像；(d)增强 Frost 滤波影像

鉴于对平滑指数与边缘保持的综合考虑，结合应用的要求，这里选择 3×3 窗口对 SIR－C 影像 HH 波段进行滤波，影像中土地覆被类型包括盐渍地、水体、居民区、植被及农田等。对观测数据分别用了 Local Sigma 滤波、Gamma 滤波、Kuan 滤波、Lee 滤波、增强 Lee 滤波、Frost 滤波、增强 Frost 滤波，并将各种算法处理结果进行比较和分析。图 3-3 所示为各种滤波效果比较。表 3-2 和图 3-4 所示为各种滤波方法的比较结果。

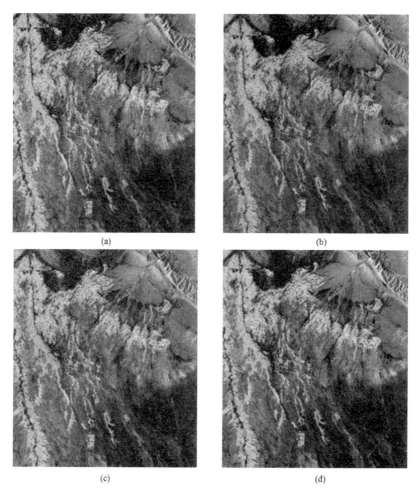

(a) (b)

(c) (d)

图 3-3 各种滤波效果比较(R: L—HH, G: LHV, B: C—HH)

(a)Gamma 滤波影像；(b)Kuan 滤波影像；(c)Lee 滤波影像；(d)增强 Lee 滤波影像

表 3-2 不同滤波处理影像的统计特征和典型地类定量化评价表

滤波方法	标准差	斑点噪声指数(β)	平滑指数(FI)					边缘保持指数(ESI)
			盐渍地	农田	水体	居民点	黏土	
原始影像	52.84	0.28	1.76	1.41	1.18	2.53	2.21	1.00
Local Sigma	45.84	0.25	1.79	1.51	1.18	2.58	2.35	0.79
Gamma	37.96	0.24	1.86	1.67	1.21	2.61	2.28	0.67
Kuan	39.33	0.23	2.18	1.53	1.23	2.71	2.48	0.61
Lee	41.31	0.20	2.27	1.53	1.41	2.79	2.57	0.57
增强 Lee	37.95	0.19	2.33	1.62	1.43	2.88	2.63	0.54
Frost	38.04	0.17	2.35	1.56	1.23	2.91	2.55	0.52
增强 Frost	37.93	0.16	2.55	1.56	1.39	2.84	2.77	0.42

　　从表3-2可知，经过滤波处理后原始影像标准差有不同程度的下降，这也是滤波产生平滑效果的反映。其中，经过增强Lee滤波、Frost滤波、增强Frost滤波处理后的原始影像标准差有较大程度的下降，说明经过这些滤波处理的影像平滑较大。而经过Lee滤波、Local Sigma滤波处理的影像标准差下降较小，较好地保持了影像的细节信息，平滑较小。

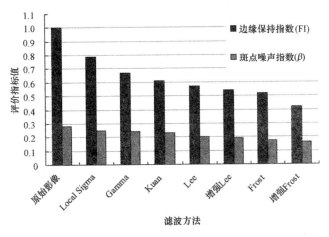

图3-4　滤波方法比较

　　由图3-4可以看出，就斑点噪声指数(β)而言，经各种滤波处理后的影像其噪声指数(β)值均小于原始影像，说明各种滤波器均可以用于影像斑点减少。其中，增强Frost滤波噪声指数最小，说明增强Frost滤波的斑点噪声去除能力最强。就平滑指数(FI)而言，经各种滤波处理后的影像其FI值均高于原始影像，说明各种滤波器均可以用于影像平滑，其中，平滑效果较好的是Frost滤波和增强Frost滤波，Lee滤波和增强Lee滤波居中，Sigma滤波效果最差。就边缘保持指数(ESI)而言，Local Sigma滤波、Kuan滤波的ESI值较高，Lee滤波和增强Lee滤波的ESI值居中，Frost滤波和增强Frost滤波的ESI值较小。

　　从不同地物来看，对盐渍地而言，经各种滤波处理后的影像其FI值均大于原始影像，说明各种滤波器均可以用于影像斑点减小，其中增强Frost滤波的FI值较高；对农田而言，Lee滤波和增强Frost滤波的FI值较高；对水体而言，增强Lee滤波、Frost滤波的FI值较高，黏土也有相似的规律；对居民点而言，FI值变化较小，其中Frost滤波的FI值较大。

二、对孤立点目标的保留

　　下面从高分辨SIR—C SAR数据中选取一个强点目标作滤波前后三维目视效果的比较，如图3-5所示。

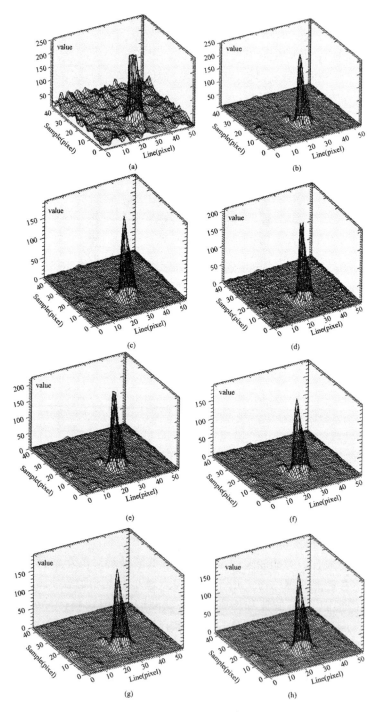

图 3-5　点目标的滤波对比实验三维效果图

(a)原始影像；(b)Local Sigma 滤波；(c)Gamma 滤波；(d)Kuan 滤波；

(e)增强 Lee 滤波；(f)Lee 滤波；(g)Frost 滤波；(h)增强 Frost 滤波

从图 3-5 可以看出，经各种斑点噪声滤波去除算法滤波处理后，点目标均有不同程度的损失，噪声平滑程度越好，点目标灰度值损失越大。其中，增强 Lee 滤波和 Kuan 滤波保留点目标的情况较好，周围点信息也较少受到强点目标的影响，但 Gamma 滤波、Local Sigma 滤波、Frost 滤波、增强 Frost 滤波由于邻域平均算法，使得点目标的周围点受到强点目标影响比较严重。

通过对各种滤波算法的分析，得出的结论是没有一种十全十美的理想滤波器，既能平滑斑点噪声，又能保持良好的边缘和细节信息。各种算法均有其优缺点，在实际工程应用中，还要考虑各种算法的可靠性和速度的快慢。既然斑点噪声是 SAR 影像固有的缺陷，那么只能尽量抑制，并尽量减少对有用的细节信息和边缘造成损失。所以，在进行 SAR 成像和 SAR 影像处理时，应针对具体应用目的而选择相应的滤波算法。

综合以上分析，增强 Lee 滤波和增强 Frost 滤波的去除斑点噪声的效果较为满意，结合影像的目视效果，本研究采用增强 Lee 滤波作为去除斑点噪声的方法。

三、雷达影像的校正

几何校正就是校正成像过程中所造成的各种几何变形。通常可分为几何粗校正和几何精校正两种。几何粗校正是针对引起变形的原因而进行的校正，由于这种变形是按照比较简单和相对固定的几何关系分布在影像中，在校正中只需将传感器的校准数据、遥感平台的位置及卫星运行姿态等一系列测量数据代入理论校正公式即可。对于星载或机载 SAR 影像，卫星遥感地面站所提供的影像产品大都已进行了几何粗校正处理。几何精校正是利用控制点进行的几何校正。其基本原理是回避成像的空间几何过程，而直接利用地面控制点数据对遥感影像的几何变形本身进行数学模拟。几何校正的目的是使得多时相 SAR、多传感器遥感信息能互相匹配，使 SAR 数据在多元信息应用中起到作用，同时，提高 SAR 数据本身的应用效益。

对 SAR 影像几何失真的校正方法有多项式逼近法和几何模型校正法。其中，多项式逼近法适用于平坦地区。由于本研究所用雷达影像覆盖区属平坦地区，整个雷达影像覆盖区域的高程范围在 50 m 以内，因此，本研究直接采取影像对影像校正方式对试验区的雷达数据进行三次多项式法几何精校正，而不考虑高程对雷达影像的影响。

在去除斑点噪声的基础上，首先以 1989 年的 TM 影像对 SIR－C 雷达影像采用二次多项式校正法，通过收集地面控制点（GCP），实现影像到影像的配准。控制点的选取按以下原则进行：①控制点应在整个工作试验区分布均匀；②控制点的数量应尽量多，应不少于 $(N+1)$、$(N+2)$ 两个，其中 N 为多项式阶数；③应选取影像上易于分辨并且目标较小的突出特征作为控制点，如道路交叉点、河流分叉处或拐弯处等，具有明显的精确的定位识别标志，以保证精度。控制点选定之后就可以进行计算，求出所有被校正点的$(x，y)$。对研究区 Radarsat 影像的校正也采用了相同办法，也就是首先以 2001 年 8 月 6 日的 ETM 影像对 2001 年 3 月 21 日的 Radarsat 影像进行校正；然后以校正好的 2001 年 3 月 21 日的 Radarsat 影像为参考影像，对 2001 年 10 月 23 日的 Radarsat 影像进行校正。得到校正后的影像如图 3-6、图 3-7 所示。误差分析见表 3-3。

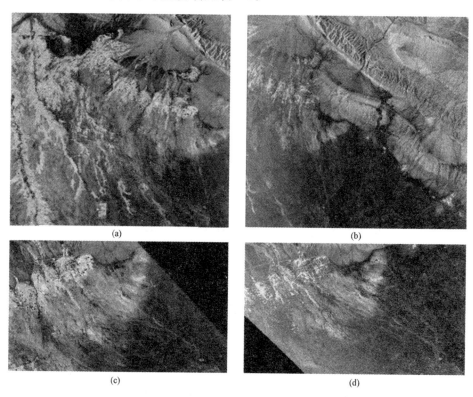

(a)　　　　　　　　　　(b)

(c)　　　　　　　　　　(d)

图 3-6　研究区 SIR－C 影像

（a）原始影像（秋季）；（b）原始影像（春季）；（c）校正后的影像（秋季）；（d）校正后的影像（春季）

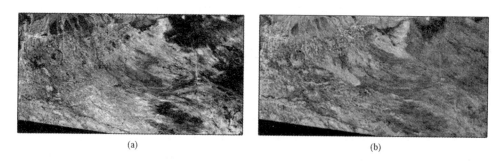

(a)　　　　　　　　　　(b)

图 3-7　研究区 Radarsat 影像

（a）校正后的影像（秋季）；（b）校正后的影像（春季）

表 3-3　几何校正误差分析表

影像时间	控制点数	最大误差（像元）		均方根误差（像元）	
		x 方向	y 方向	x 方向	y 方向
SIR−C 春季(4 月 11 日)	29	0.69	0.60	0.56	0.65
SIR−C 秋季(10 月 3 日)	28	0.66	0.56	0.66	0.67
Radarsa 春季(3 月 21 日)	30	0.81	0.72	0.66	0.78
Radarsa 秋季(10 月 23 日)	32	0.88	0.81	0.76	0.81

几何精校正流程如下：

(1)首先将 ETM 影像的全色波段重采样为空间分辨率为 12.5 m，以与待校正的雷达影像的分辨率相匹配。

(2)对待校正的雷达影像进行斑点噪声的去除，以消除斑点噪声对影像质量的影响。结合前面的分析，采用增强 Lee 滤波像元窗口进行斑点噪声的消除。

(3)选择未校正雷达影像的地理坐标系，本研究为 Projection：UTM，Zone 44 North；Datum：WGS−84。

(4)地面控制点(GCP)的选取，在影像上均匀地选取足够的 GCP。采用二次多项式进行校正。然后删除误差大于一个像元的 GCP，最后剩下误差小于一个像元的 20 个 GCP，满足几何精校正的要求，误差均为小于一个像元。

(5)亮度值重采样，采用计算量适中和精度较高的双线性内插法进行重采样。

(6)校正结果输出。

四、研究区 SAR 遥感影像数据统计特征分析

SAR 遥感影像特征分析是 SAR 影像应用的前提，SAR 遥感影像地物识别的重要依据是地物反映在各波段通道上的像元后向散射系数，即地物的散射信息。地物的影像常表现出区域差异、季节差异等特征。这对 SAR 图像彩色合成波段选择、影像分析带来很大的困难。为快速、准确地从影像中提取地物信息，识别不同的物质，揭示其差异，往往需要对 SAR 波段、遥感影像特征、地物散射特性等有较深入的了解和分析。这一方面可以抓住问题的要害，减少工作量，快速得到所需结果；另一方面遥感影像需要经过处理，变成可视化的信息才能被人理解，由于人眼对彩色影像比对全色影像的识别能力强，所以，根据具体的要求来选择最佳遥感波段的影像信息合成彩色影像进行解译是很重要的。

对 SAR 遥感数据进行基本的单元和多元统计分析通常会对显示和分析 SAR 遥感数据提供许多有用信息。它是 SAR 影像处理的基础工作。这些统计分析通常包括计算影像各波段的最大值、最小值、亮度的范围、均值、方差、中间值，波段之间的方差、协方差矩阵，相关系数和各波段的直方图等，另外，还有极化特性

等。通过对影像统计特征值分析，将为影像的波段组合选择和各种分析处理提供基础依据，因而需要在更合理的数学模型的指导下，按照一定的准则来决定最佳波段的选择问题。下面对研究区 SIR－C SAR 多波段影像统计特征进行分析。

表 3-4、表 3-5 给出了研究区 SIR－C 影像的统计特征。从表中可以看出，SIR－C 影像的数据范围（散射范围）为 0～300。从均值来看，C－HH 波段的均值最高，L－HV 波段最小，可以遵守 C－HH＞C－HV 和 L－HH＞L－HV 的规律。也就是说，同一个波段的相同极化数据的均值大于不同波段的极化数据的均值；从准均差来看，L－HV 波段的标准差最大，C－HH 波段的最小，可以遵守 L－HV＞L－HH 和 C－HV＞C－HV 的规律，说明不同极化数据包含的信息量比相同极化数据包含的信息量大，即 SAR 水平发射垂直接收的信息量比水平发射水平接收的信息量大。

表 3-4　春季 SIR－C 影像的统计特征

波段号	最小值	最大值	均　值	标准差
C－HH	−52.567	0	−7.462	4.572
C－HV	−45.505	0	−13.564	6.699
L－HH	−67.181	0	−13.455	7.177
L－HV	−300	0	−24.487	11.533

表 3-5　秋季 SIR－C 影像的统计特征

波段号	最小值	最大值	均　值	标准差
C－HH	−300	0	−11.173	8.287
C－HV	−300	0	−17.436	8.995
L－HH	−300	0	−15.757	8.785
L－HV	−300	0	−29.958	10.810

五、SAR 影像各波段的相关系数分析

雷达影像相邻的波段之间一般具有相关性，并不是所有的波段对于后续处理都有着同等的重要性，通过选择最优波段而组成新的雷达影像空间，在不损失重要信息的条件下可以代表其他波段的信息。表 3-6 和表 3-7 给出了研究区 SIR－C 影像的各波段的相关系数。

表 3-6　研究区春季 SIR−C 影像各波段的相关系数

波段	C−HH	C−HV	L−HH	L−HV
C−HH	1.00	—	—	—
C−HV	0.91	1.00	—	—
L−HH	0.86	0.85	1.00	—
L−HV	0.81	0.86	0.89	1.00

表 3-7　研究区秋季 SIR−C 影像各波段的相关系数

波段	C−HH	C−HV	L−HH	L−HV
C−HH	1.00	—	—	—
C−HV	0.80	1.00	—	—
L−HH	0.81	0.82	1.00	—
L−HV	0.81	0.89	0.916	1.00

由表中可以看出，C 波段 HH 极化与 HV、L 波段 HH 极化与 HV 的相关程度较高，彼此之间存在冗余信息，在相当程度上可以取代；而 C 波段和 L 波段不同极化数据的相关程度较低，信息有较大的独立性。总的来看，同一个波段不同极化数据之间的相关性较大；不同波段和不同极化数据之间具有较小的相关系数。在假彩色增强时，应该选择相关性较小的波段。分析认为，研究区 SIR−C 数据彩色合成影像必须包括 L−HV、L−HH、C−HV 波段。

六、各类地物的目视解译

遥感影像目视解译方法(Visual Interpretation Method on Image)是指根据遥感影像目视解译标志和解译经验，识别目标地物的办法与技巧。目前，在雷达影像的分析应用中，主要采取目视解译方法。在利用雷达影像进行解译时必须熟悉其成像机制和影像信息特点。在此基础上，充分了解雷达影像解译标志的特点和各类地物的解译规律是十分必要的。由于雷达影像多是数字影像，对于这类数字影像的处理和研究也越来越多，并且有的效果很好，所以，掌握这方面的方法也显得非常重要。

雷达遥感影像不同于可见光和红外影像。这里主要指侧视雷达影像，由于它是主动遥感，以斜距成像，有多种极化方式，且目前多是以单一频率的雷达波束进行工作，人们常以单色的雷达影像作处理分析，故其解译标志有着许多与其他影像不同的地方。通常，对影像进行解译时需首先针对不同地物目标建立起其解译标志，即分析它们在色调、形状、大小、阴影、纹理、相对位置关系等方面的特点，借以区分不同的地物。虽然对雷达影像上的地物目标也需要按上述诸方面建立起它们各自的解译标志，但这些解译标志已经有不同于其他影像的特点，在解译过程中必须充分注意。

雷达影像数据记录的是地物后向散射的能量，影像的色调反映了地物散射强度的高低，纹理结构反映了地物目标的结构特征，使其具有不同的信息特点。

虽然多波段多极化 SIR－C 影像上各种地物的色调、纹理、形状等特征较明显，比较容易区分目标，但是目前多波段、多极化数据的获取和处理存在一定的困难，而且大多数雷达数据是单波段和单极化数据，因此，本研究对研究区的各种地物在雷达影像上的特征进行了目视解译。

经过在雷达影像上比较分析典型地物的灰度值、色调、纹理、形状等特征，以 2001 年春季 Radarsat 影像为主，建立 Radarsat 影像地物解译标志，见表 3-8。

表 3-8　Radarsat SAR 影像典型地物解译标志

地类	影像特征		
	色调	纹理	形状
农田	灰白色、浅灰色	纹理细密，农田边界清晰	呈规则的条块状并有线状网格图斑
林地	灰白色、深灰色	纹理粗糙，有立体感，边界较清晰	呈不规则点状、片状、带状图斑
草地	浅黑色、浅灰色	纹理粗糙，色调不均	呈不规则的片状和带状图斑
居民地	灰白色、亮白色	呈规则的斑块状、矩形块状图斑	纹理细密，有立体感，边界线清晰
道路	灰白色、浅灰色	线状清晰，道路拐弯清晰可见	呈直线或曲线
河流	浅灰色、浅黑色	线状清晰，河道拐弯较清晰明显	呈不规则曲线
水库	深黑色、浅灰色	有明显的湖边缘闭合线	呈不规则状图斑
沼泽地	浅黑色、浅灰色	纹理细密，色调均一，边缘线较清晰	呈不规则片状和带状图斑
轻度盐渍地	浅灰色、灰白色	纹理粗糙，色调均一，边缘线较清晰	夹有白色斑点的图斑
中度盐渍地	浅灰色、深灰色	纹理粗糙，色调不均，边缘线不太清楚	呈不规则状图斑
重度盐渍地	浅灰色，浅黑色	纹理粗糙，色调不均，边缘线不太清楚	呈不规则蜂窝状
戈壁	灰色、深黑色	纹理粗糙，色调不均，边缘线较清晰	呈不规则点状、块状、片状图斑

图 3-7 所示为研究区的春季和秋季 Radarsat SAR 影像，在影像上盐渍地呈现不规则的由暗到灰白色片状分布或与红柳地、梭梭、农田杂间分布。另外，农田、河流、道路、居民点等线性结构和构造纹理清晰。树林的树冠越发达，影像越白，草地是平整的灰白色调；而且高树会拉出很长的阴影；在水域，由于水散射成分极少，该区域亮度极暗。其中，图 3-7(a)所示为秋季 Radarsat SAR 影像，在影像

上中、轻度盐渍地呈现灰白色且色调较不均匀，而重度盐渍地呈现深灰色并且较模糊。图 3-7(b)所示为春季 Radarsat SAR 影像，在影像上重度盐渍地由于表面形成盐霜或盐结皮，表面光滑和干旱，因此，后向散射能量较小，表现为较暗色调，呈不规则蜂窝状；中、轻度盐渍地的影像特征呈现浅灰色调。

第四节　盐渍地信息提取

一、盐渍化土壤及其背景地物的后向散射特性分析

雷达后向散射系数与雷达参数（波段、极化、入射角）及不同类型地形（如山区、平原、沙漠等）和地物分布（如森林、居民点、农田农作物、积雪等）有关。为了分析盐渍化土壤与其背景地物在散射特征上的差别，参考 1995 年土地利用现状图和实地调查，分别在研究区多时相 SIR—C SAR 影像上就各种地物类型选取样区，所选的地物类型有盐渍地、水体、农田、居民地、黏土、沙砾等。对所有采样数据进行均值、最小值、最大值统计，利用这些数据做出各地物的散射曲线，如图 3-8 所示。进行典型地物后向散射系数值分析，是在多时相雷达影像上选取一个代表某一目标物的样区，然后取这个样区的均值，以此均值来代表这种目标物的后向散射值。事实上，雷达影像的均一性很差，在所选取的样区中最大值与最小值相差很大。但无疑其中的大部分数据都会围绕某一个中心点分布，取均值并不是最好的办法，并不能很好地代表目标地物的亮度值。但是就目前而言，用以分析地物的散射特性随时间变化的规律，这是最为直接简便的方法。总的来说，均值基本上能代表地物的散射特性，其结果见表 3-9、表 3-10。

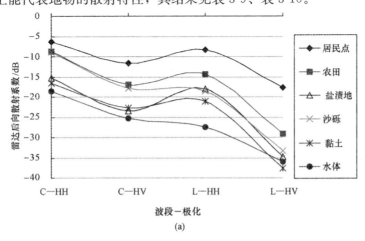

图 3-8　地物后向散射系数随雷达参数变化

（a）春季影像

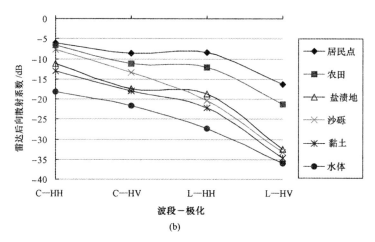

图 3-8　地物后向散射系数随雷达参数变化（续）

（b）秋季影像

表 3-9　研究区典型地物后向散射系数统计表（春季影像）

波段	居民点	农田	盐渍地	沙砾	黏土	水体
C−HH	−5.98	−6.64	−11.22	−7.70	−13.01	−18.18
C−HV	−8.65	−11.15	−17.45	−13.47	−17.95	−21.59
L−HH	−8.40	−12.07	−18.78	−20.42	−22.19	−27.32
L−HV	−16.27	−21.33	−32.49	−33.14	−34.61	−36.03

表 3-10　研究区典型地物后向散射系数统计表（秋季影像）

波段	居民点	农田	盐渍地	沙砾	水体
C−HH	−6.33	−8.73	−15.28	−8.94	−18.56
C−HV	−11.56	−16.84	−23.47	−17.91	−25.32
L−HH	−8.39	−14.43	−18.01	−18.58	−27.48
L−HV	−17.70	−29.08	−34.82	−33.27	−36.06

图 3-8 所示为研究区典型地物的后向散射值随 SIR−C 数据波段和极化变化的情况。从整体变化趋势看，各地物的后向散射值大小顺序为：居民点＞农田＞沙砾＞盐渍地＞黏土＞水体。地物在 C 波段后向散射系数均大于 L 波段的后向散射系数，表现出随波长的增加各种地物后向散射系数下降趋势。这些特征与地物的含水量以及不均匀程度有极强的相关性。无论是 L 波段还是 C 波段同极化数据的后向散射系数均比交叉极化数据大，说明同极化数据的雷达回波比交叉极化回波强。在这里，我们可以看到波段和极化起到了很重要的作用。不同的地物的后向散射系数不仅在波段上有很大的不同，在极化上也有很大的不同。由于居民点在

的形状、材料、分布等方面的多样性，而且墙壁与地面很容易产生角反射作用，因此城市等居民点的后向散射回波较强，总体后向散射也较大，同时在不同波段和极化上出现较小的波动。水体的后向散射系数均比其他地物的后向散射系数小，这是由于水体受到较强的镜面反射的影像，后向散射的成分极少，因此，水体的后向散射系数远小于其他地物，与其他地物很容易区分。农田的后向散射系数比盐渍地、沙砾、黏土等地物的后向散射系数大。主要原因是农田在春耕时的影像和农作物的影像比那些地物表现出了更大的后向散射系数。在C波段上农田的后向散射系数均大于L波段，并且表现出同极化大于交叉极化的特点。同时，农田的后向散射系数也表现出了与居民点较为相同的变化趋势。盐渍地在不同波段上和极化上均表现出了不同的变化特征，盐渍地的同极化后向散射系数表现出比交叉极化大的趋势。在C波段上盐渍地与沙砾有较大的区别，但是随着波长的增加和雷达波的穿透能力的提高，相应的后向散射系数也减少，因此，在L波段与沙砾有些混淆。由于黏土较为干燥，而且表面粗糙度也较小，因此具有较小的回波，从而后向散射系数也相应较小，虽然它的后向散射系数的变化出现与盐渍地的后向散射系数变化较为相同的趋势，但是它的后向散射系数均比盐渍地小，尤其是在L波段上有较大的差异。从以上分析可以看出，不同的地物的后向散射系数不仅在波段上有很大的不同，在极化上也有很大的不同，波段和极化起到了很重要的作用。根据地物在波段和极化上的差异可以区分不同的地物，这是基于雷达影像的信息提取的重要原因；盐渍地的后向散射特性受时相影响明显，居民点、水体、沙砾和黏土的后向散射特性随时相变化较小，时相的选择对于盐渍地信息提取很重要；对于盐渍地的监测，使用L波段的数据相比C波段的数据更加有效。

前面已经对研究区典型地物的后向散射特性和季节变化特征进行了详细描述，并已经得到各种地物在不同波段和极化上有不同的散射特性的结论，本小节将针对不同程度的盐渍地的后向散射特性做进一步分析。为了更明显地表示出盐渍地散射系数随土壤盐渍化程度的变化情况，分别在研究区多时相 SIR-C 影像上就不同程度的盐渍化土壤选取样区，对它们进行统计分析，见表 3-11 和表3-12。图3-9所示为不同程度的盐渍地的后向散射均值在 SAR 数据随波段和极化变化的情况。

表 3-11　不同程度的盐渍地雷达影像统计特征(春季影像)

波段	最小值			最大值			均　　值		
	A	B	C	A	B	C	A	B	C
C—HH	−20.67	−22.46	−25.03	0.00	−3.22	−7.65	−8.29	−10.94	−16.24
C—HV	−29.84	−27.46	−31.82	−6.34	−10.40	−17.04	−16.83	−16.92	−22.72
L—HH	−25.32	−28.58	−30.32	−2.52	−6.88	−11.50	−12.63	−18.08	−19.95
L—HV	−45.04	−44.86	−46.62	−15.19	−26.01	−26.88	−28.03	−33.27	−35.35

注：A——轻度盐渍地；B——中度盐渍地；C——重度盐渍地。

表 3-12 不同程度的盐渍地雷达影像统计特征(秋季影像)

波段	最小值			最大值			均值		
	A	B	C	A	B	C	A	B	C
C—HH	−14.58	−21.05	−21.89	0.00	−2.24	−4.99	−5.79	−9.34	−12.61
C—HV	−21.73	−29.31	−24.73	−5.98	−9.94	−11.66	−13.42	−18.71	−17.90
L—HH	−26.18	−31.47	−34.12	−2.83	−3.74	−13.58	−13.40	−14.93	−21.24
L—HV	−40.64	−44.28	−43.26	−16.05	−20.83	−24.78	−25.90	−29.24	−34.25

注：A——轻度盐渍地；B——中度盐渍地；C——重度盐渍地。

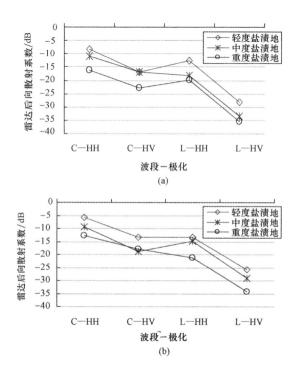

图 3-9 不同程度的盐渍地后向散射系数曲线

(a)春季影像；(b)秋季影像

从表 3-11 和表 3-12 中可以看出，当波长不同、极化相同时，轻度盐渍地、中度盐渍地、重度盐渍地的雷达后向散射系数变化较大，如 C—HH 和 L—HH，其后向散射系数数值变化为 −8.29～−19.95；C—HV 和 L—HV 变化为 −16.83～−35.35。这因为波长主要反映雷达对地物不同程度的穿透能力，一般波长越长，穿透的深度越大，它可以反映植被下面更多的土壤信息，这有助于增强对盐渍地的识别，这些说明波长对区分不同程度的盐渍地最为有效。当波长相同极化不同时，这三种不同程度的盐渍地的后向散射系数都存在一定的相差，这些说明极化对区分不同程度的盐渍地较为有效。这是由于极化主要反映地物表面的形态和地表特征，对盐渍地表面的形态具有较强的刻画能力，故对土壤盐渍化程度的识别很有帮助。从标准差看，在 L 波段上，轻度盐渍地、中度盐渍地、重度盐渍地的雷达后向散射系数的标准差比 C 波段上的标准差大，说明在更长的波段上提供更多的盐渍地信息，它们之间的差异也较大。因此，可以多波段多极化数据合成，这可以充分发挥波长和极化的不同作用，使之能区别出不同程度的盐渍地。

　　图 3-9 所示为不同程度的盐渍地的后向散射均值随 SAR 数据波段和极化变化的情况。从图中可以看出，各类盐渍地在不同的时相均对应有不同的后向散射系数。不同程度的盐渍地后向散射系数在相同极化大于交叉极化，而且随着波长的增加后向散射系数呈现下降的趋势。同时，我们还可以分析得出，随着盐渍化程度的增加盐渍地的后向散射系数呈现下降的趋势。这是由于当盐渍地表面的粗糙度相同、土壤含水量和含盐量不同时，随着土壤含水量、含盐量的增加，盐渍地的后向散射系数也相应增大。但是当盐渍地表面的粗糙度不同时，这种关系很难确定。在渭—库绿洲无论是春季还是秋季，由于土壤受到的盐渍化程度不同，各类盐渍地表面的粗糙度和盐生植被生长状况都有差别，且这种差别往往大于土壤含水量的变化差别，同时，随着盐渍化程度的增加植被减少，土壤更为干旱和光滑，雷达回波较少，因此，雷达后向散射系数也较小。因此，在分析土壤盐渍化程度的后向散射系数时，要特别注意盐渍地表面的环境参数的变化。从以上分析可以看出，不同程度的盐渍地在不同波段和不同极化上有区别，而且这种趋势在 L 波段上更加明显。

二、盐渍化土壤后向散射系数时相变化特征分析

　　不同季节对散射特性的影响主要表现是，在地形相同的条件下地表或地物状态随季节变化，如农田的耕作、农作物和植被的生长代谢、地表土壤和植被含水量的变化，以及人造目标的移动、增减和分布（城镇发展，道路、桥梁建造等）。对同一地域，地形相同，散射系数随时间的变化关系主要体现了地物散射特性的影响，地物特征又以植被、作物和地表状态（耕作和湿度等）的时间变化较为显著，这是散射产生时间差别的主要原因。对于盐渍地这类季相明显的地物来说，多时相分析是一种有效的识别分类手段。为了更进一步发现不同地物后向散射系数随时相变化的情况，通过选取典型地物样区，并取其间像元均值得到了典型地物后向散射系数随时相变化的曲线图，如图 3-10 所示。

　　从图 3-10 中可以看出，从整体变化趋势看，不同地物的后向散射系数大小顺序为：秋季地物后向散射系数基本上大于春季。在研究区几种地物当中，居民点、沙砾、水体等地物的季节差异较小，其中居民点的后向散射系数差异最小，农田和盐渍地随时相的变化较明显，农田的季节变化最大，盐渍地的季节变化次之。

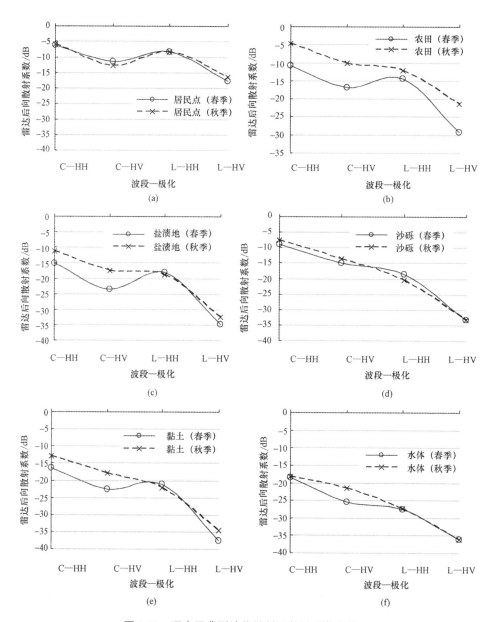

图 3-10　研究区典型地物散射系数随季节变化图

(a)居民点；(b)农田；(c)盐渍地；(d)沙砾；(e)黏土；(f)水体

同时，各种地物的后向散射系数的季节变化在不同波段和不同极化上有不同的特点。总的来说，在 C 波段上地物的散射季节变化略大于 L 波段的变化。这些特征与地形、地物的不均匀程度，以及地表土壤和植被含水量的季节变化有极强的相关性。对于研究区来说，在短期内居民点、沙砾和水体等地物的变化不是很大，因此，它们的后向散射系数随时间的变化不是很明显，但是农田和盐渍地等随季节变化较为明显的地物，它们在不同的时相表现出来的地表粗糙度和土壤含水量、含盐量等地物特征有较大的区别。

雷达影像上的信息主要是地物目标后向散射形成的影像信息，即朝向雷达天线的那部分被散射的电磁波所形成的影像信息。对于盐渍地这类季相明显的地物来说，多时相分析是一种有效的识别分类手段。实际上，在可见光遥感中，应用多时相遥感影像进行盐渍地分类已有很多成功的经验。对于多时相分析，如何选择影像的时相是一个关键性的问题。土壤含盐量和耐盐植物不同生长期内不同时相的雷达遥感影像中盐渍地信息的显著性有很大的差别，其中，盐渍地信息最显著的时相对盐渍地识别最有利，为盐渍地识别最佳时相。航天遥感技术具有周期性重复成像的特点，它可以为盐渍地监测提供多时相数据遥感影像。

由于渭—库绿洲(干旱区)降水稀少，荒地区的土壤盐分一直处于累积状态，土壤盐分不断增加，而在耕地区，由于灌溉和排水的影响，盐渍化土壤的水分和盐分不同，土壤含盐量呈现季节性波动。在含盐量较高处，植被群落以耐盐植物如柽柳、骆驼刺等为主；在高含盐量处，以裸露的盐斑地为主。春季土壤干旱，地表返盐严重，光板地、重度盐渍地表面有明显的盐结皮或盐霜，田里的农作物也受到不同程度土壤盐渍化的影响。这种影响通常在 3—4 月份达到最大。因此，旱季的遥感影像对渭—库绿洲盐渍地监测研究效果更好。

综上所述，对于盐渍地识别来说，旱季最为有利，结合秋季是较为适合的时相组合。本研究将利用多时相 SIR—C SAR 数据进行研究区盐渍地的识别，在时相选择时主要从以下几个方面考虑：

(1)应选取雷达影像盐渍地与其他地物差别较大的时相组合。这是保证盐渍地信息识别效果的关键。

(2)以研究区提取目标为主的典型地物的后向散射特性随时间变化的特征。

(3)经济性原则，在保证识别效果的前提下，选择的时相越少则越经济。

三、SAR 影像的主成分分析

主成分分析(Principal Component Analysis，PCA)是着眼于变量之间的相互关系，尽可能不丢失信息，用几个综合指标汇集多个变量的测量值而进行描述的方法。在多波段多极化 SAR 影像中，由于波段和极化数据之间存在相关的情况很多，通过采用分析就可以把影像中包含的大部分信息用假想的少数波段表示出来。这样做信息几乎不丢失，但数据量可以减少。利用主成分分析法，把数据压缩在几个波段上，就可以用假彩色显示更多的信息。下面对研究区春季的 SIR—C 影像进行主成分分析，特征向量矩阵见表 3-13。

表 3-13　研究区 SIR－C 影像主成分分析的特征向量

类别	C－HH	C－HV	L－HH	L－HV	特征值
PC 1	0.439	0.487	0.475	0.587	308.126
PC 2	0.587	0.406	−0.103	−0.693	19.400
PC 3	−0.138	0.520	−0.785	0.305	10.829
PC 4	0.666	−0.571	−0.385	0.287	5.252

分析表 3-13，得出如下几点结论：

（1）在 PC 1 主成分上，四个波段均为正值，其中 L－HV 波段贡献最大，然后依次是 C－HV、L－HH、C－HH 波段。说明交叉极化数据对地物的识别能力强于同极化数据。总体来说，PC1 反映的是影像四个波段的累加信息，反映在 PC1 影像上，主要表现的是地物的散射信息和地形信息。

（2）PC 2 主成分是波段 C（HH，HV）的和减去波段 L（HH，HV）的和的线性变换。其中，C 波段与 PC 2 呈明显的正相关，L 波段与 PC 2 呈明显的负相关。第二主成分反映了波段变换的信息。其中，波段 C－HH 的贡献最大。

（3）PC 3 主成分是波段 C－HV、L－HV 的和减去波段 C－HH、L－HH 的和的线性组合。其中，波段 C－HV 的贡献最大。

（4）PC 4 主成分是波段 C－HH、L－HV 和减去波段 C－HV、L－HH 的和的线性组合。

图 3-11 是上述四个波段各特征向量（主成分）反变换后的影像。

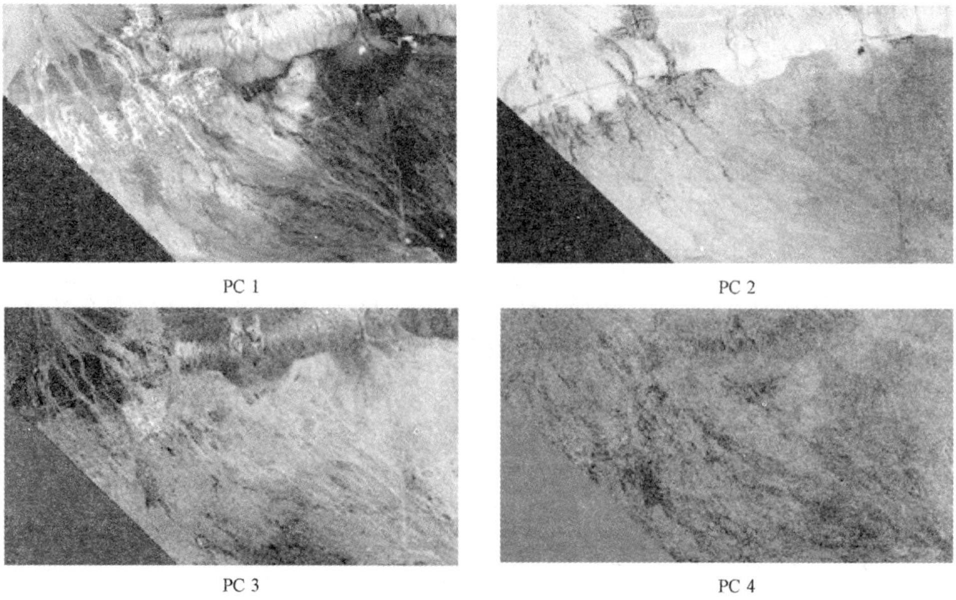

PC 1

PC 2

PC 3

PC 4

图 3-11　研究区 SIR－C 影像的四个主成分影像

从图 3-11 中各主成分影像看，PC 1 较好地反映了该区域的盐渍地信息。在影像上，盐渍地呈现不规则的由暗到灰白色片状分布或与红柳地、梭梭、农田杂间分布，在影像上重度盐渍地由于表面形成盐霜或盐结皮，表面光滑和干旱，因此，后向散射能量较小，表现为较暗色调，呈不规则蜂窝状。另外 PC 1 农田、河流、道路、居民点等线性结构和构造纹理清晰。树林的树冠越发达影像越白，草地是平整的灰白色调，高树会拉出很长的阴影；在水域，由于水散射成分极少，该区域亮度极暗。在 PC 2 上，中、重度盐渍地的影像特征呈现浅灰色调。另外，盐渍地在这三个主成分影像上的反映也大，故选 PC 1、PC 2、PC 3 作假彩色 RGB 合成，结果较好地进行了该区域盐渍地信息的提取和区分，如图 3-12所示。

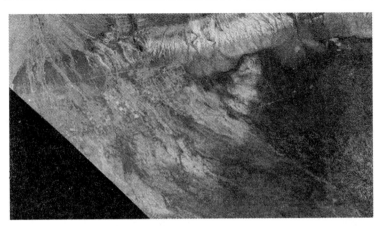

图 3-12 研究区 SIR－C 数据 PCA 彩色合成影像($R_{pc\,1}$，$G_{pc\,2}$，$B_{pc\,3}$)

四、雷达影像分类和精度验证

前面我们已对研究区获取的多波段多极化 SIR－C SAR 进行了分析，认为盐渍化程度不同的盐渍地在不同波段上的变化规律不同，并且在不同的季节变化规律也不同，同时，不同极化方式对不同种类的盐渍地及其构造有不同的反映。同样，土壤含水量、含盐量和表面粗糙度不同，在不同波段上也能体现出来，对盐渍地的分类也将提供很好的帮助。因此，采用多波段多极化的 SAR 影像进行综合分析，可以获取盐渍地的更详细信息，可以对盐渍地进行有效分类。

下面我们利用 SIR－C 数据来对提取盐渍地信息的可行性进行分析。因此，本研究将对多时相 SIR－C SAR 进行盐渍地的识别。先对雷达影像进行几何配准，然后对影像进行增强 Lee 滤波，以消除雷达影像的斑点噪声。经过以上预处理以后，参照研究区 1995 年的土地利用图和土地覆被图以及多年的野外调查数据，在雷达影像上选取训练样区，从研究区域实际情况和雷达影像散射特性可分性原则出发，根据盐渍地遥感监测和治理的目的，确定分类方案。最后，利用分类精度和稳定性都比较高的 BP 神经网络分类方法，对原始影像数据进行了分类。结合盐渍地分类要求，神经网络的设计构造为：输入层的节点数为参与分类的多波段多极化 SAR 影像的波段数；中间的隐含层为 1 层；输出层节点数为分类结果的类别数。经过比较原始影像各波段之间的相关系数、信息量以及训练样区的分离度情况，对比以下两种方式对盐渍地分类的效果：①将春季 SAR 进行主成分分析，输入节点为 SAR 影像的 C−HH、C−HV、L−HH、L−HV 波段和第一主成分；②将秋季 SAR 进行主成分分析，输入节点为 SAR 影像的 C−HH、C−HV、L−HH、L−HV 波段和第一主成分。

分别对这两种情况进行了神经网络分类，得到分类结果。

由于雷达影像斑点噪声大，且遥感影像计算机自动提取信息是针对每个像元单独进行的，结果在提取影像中会出现一大片同类地物中夹杂着散点分布的异类地物的不一致现象，这些杂类地物常称为"类别噪声"。为了消除类别噪声的影响，必须进行分类后处理，本研究选用 3×3 的窗口，用众数函数（Majority）对提取结果作了上下文分析，由此得到盐渍化信息提取结果（图 3-13）。

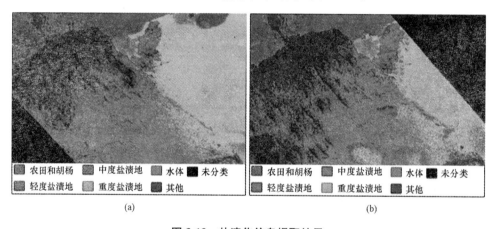

(a)   (b)

图 3-13　盐渍化信息提取结果
(a)春季 SIR−C SAR 影像；(b)秋季 SIR−C SAR 影像

精度评价是指比较实际数据与分类结果，以确定分类过程的准确程度。分类结果精度评价是遥感监测中重要的一步，也是对分类结果的一种度量。通过精度分析，分类者能确定分类模式的有效性，改进分类模式，提高分类精度。最常用的精度评价方法是基于误差矩阵（Error Matrix）的方法，误差矩阵是一个 N 行×N 列矩阵（N 为分类数），用来简单比较参照点和分类点。为了定量、客观地检验融合前后的分类精度，采用分层随机采样法，对分类的结果进行评价。在分类结果评价中选择了 300 个样点，且保证每类有 20 个以上的样点。利用 2005—2008 年各季节野外采集的样点数据作为真实数据，并结合渭—库绿洲 1995 年土地利用图，用基于误差矩阵的精度评价方法，分别对融合前后的分类图进行了评估，其生产者精度、用户精度、总体精度及 Kappa 系数见表 3-14。生产者精度表明地面采样点被正确分类的概率，与漏分误差互补；用户精度是采样分类点表示实际地面真实情况的概率，与错分误差互补；分类总精度则是每一个随机样本所分类的结果与地面对应区域实际类型相一致的概率；Kappa 分析是评价分类精度的多元统计方法，Kappa 系数代表被评价分类比完全随机分类产生错误减少的比例。

表 3-14　盐渍化信息提取精度验证　　　　　　　　　%

类　型	春季 SAR 影像		秋季 SAR 影像	
	生产者精度	用户精度	生产者精度	用户精度
轻度盐渍地	79.05	75.45	75.54	77.15
中度盐渍地	80.41	79.54	81.38	78.19
重度盐渍地	83.42	81.27	81.20	80.05
非盐渍地	85.47	86.81	82.25	81.16
分类总精度	82.74		80.31	
Kappa 系数	0.84		0.81	

从分类结果看，对于春季 SAR 影像的分类，这三种盐渍地的分类结果较为理想，其中重度盐渍地的分类效果最好，生产者精度达 83.42%，用户精度达 81.27%；其次为中度盐渍地，生产者精度达 80.41%，用户精度达 79.54%；轻度盐渍地的精度最低，生产者精度为 79.05%，用户精度为 75.45%。它们的总精度达到了 82.74%，而 Kappa 系数也达到 0.84。对于秋季 SAR 影像的分类，这三种盐渍地分类的结果也较为有效，其中重度盐渍地的分类效果最好，生产者精度达 81.20%，用户精度达 80.05%；其次为中度盐渍地，生产者精度达 81.38%，用户精度达 78.19%，轻度盐渍地的精度最低，生产者精度为 75.54%，用户精度为 75.15%。它们的总精度达到了 80.31%，而 Kappa 系数也达到 0.81。总的来看，对盐渍地分类，无论是春季 SAR 影像还是秋季 SAR 影像的分类，重度盐渍地的分类效果最好，其次为中度盐渍地，轻度盐渍的分类效果稍差。它们的总精度达到了 80% 以上，而 Kappa 系数也大于 0.8。这就表明采用多波段多极化雷达数据，可以对盐渍地进行有效分类。

从春季和秋季类影像的分类结果看，春季影像相比秋季影像盐渍地的分类精度有所提高，尤其是重度盐渍地。这是因为遥感影像最佳时相的选择对盐渍地调查研究非常重要，只有时相合适才能提取较多的有用信息。在渭—库绿洲，春季土壤干旱，地表返盐严重，光板地、重度盐渍地表面有明显的盐结皮或盐霜，田里的农作物也受到不同程度土壤盐渍化的影响，这种影响通常在 4—5 月份达到最大。因此，在 4 月中旬成像的春季影像上，植被稀疏，地表光滑，可以减少植被和土壤表面粗糙度变化对雷达后向散射系数的影响，提供更多的地物信息，使得各种地物易于区分，有利于提高盐渍地识别度，其分类精度与秋季雷达影像相比有所提高。

从盐渍地信息提取结果图上看，总体上盐渍地主要分布在渭干河和库车河的下游，塔里木河的北部，库—新—沙绿洲的西南、南、东和东南部地区。从景观角度来说，主要分布于绿洲和沙漠的交错地带。盐渍地的分布在绿洲内部呈条状分布，而在绿洲外部呈片状分布，且绿洲外部重度盐渍地交错分布在中、轻度盐渍地中。

第四章　基于热红外光谱的土壤盐分监测

很多学者已将光谱技术应用于盐渍土的分析中，Ben-Dor、R. L. Dehaan、Farifteh、Dwivedi 等人发现，通过地物光谱特征可以区分盐渍土和非盐渍土，并提出利用多元线性回归、偏最小二乘回归、人工神经网络方法从光谱反射率来估算土壤含盐量的可能性。翁永玲等采集土壤样品和土壤高光谱数据，采用最小二乘回归模型建立了土壤含盐量与光谱数据之间的定量关系，并利用 Hyperion 数据对土壤含盐量进行了预测。另外，王爽等利用地面测量得到的光谱数据和土壤样品的化学成分数据，结合 Landsat TM 遥感影像建立了土壤含盐量预测模型，并利用该模型实现了大尺度土壤盐分遥感定量反演。关元秀等采用监督分类方法和改进的影像分类方法，利用 Landsat TM 遥感影像和辅助数据对黄河三角洲盐渍化程度进行了分级，取得了很好的结果。已有研究大部分是利用盐渍地的可见光－近红外（0.3～2.5 μm）光谱信息结合常规辅助数据，对土壤水分、盐分、温度、pH 值、电导率、介电常数等理化因子以及土地利用等人文因素进行的一系列研究。

但是，由于盐渍地的光谱信息与其他地物的光谱信息较为相似、光谱混合的存在以及缺少一些盐渍地种类的特定吸收光谱段，并且盐分在土壤中随时间、空间、垂直方向变化的复杂性和土壤理化性质的多样性等，给利用可见光－近红外监测土壤盐渍化及提高监测精度带来一定的困难。近几年，热红外遥感（8～14 μm）在旱灾监测、林火监测、探矿以及城市热岛效应监测等领域显示出很好的应用价值，在土壤监测方面，热红外遥感的定量研究也得到很大的发展，主要集中在土壤水分与旱情遥感监测方面。

由于在干旱和半干旱地区，裸露于地表的岩石或土壤矿物质极大地引起了地表发射率的变化，因此在土壤矿物信息提取方面，热红外遥感技术具有独特的优势。造成土壤盐渍化的物质主要是碳酸盐、硫酸盐、氯化物。纯岩盐（NaCl）是透明的，其化合物组成和结构在可见光、近红外到热红外波段的吸收特性较弱。而碳酸盐在中红外（2.34 μm）和热红外（11～12 μm）波段具有吸收特性。硫酸盐在 10.2 μm 波段附近有吸收特性。中红外（2.34 μm）波段反映水或 OH^- 离子的吸收特性，可用于区分干状态下的氯化物和硫酸盐。因此，进行盐渍化土壤热红外光谱特性与盐分矿物组成、地表形态、水分等因素之间的关系研究是很重要的。同时，盐渍化土壤的热红外辐射特性研究是对盐渍化土壤可见光光谱特性的很好的补充和发展。

夏军通过分析野外实测土壤热红外发射率光谱与含盐量之间的关系，说明了利用热红外发射率光谱反演土壤盐分含量的方法可行。阿尔达克等直接利用野外获取的土壤热红外发射率光谱进行土壤盐分预测，为定量分析盐渍土热红外发射率光谱信息提供了参考。相比可见光—近红外光谱，热红外发射率光谱数据在盐渍化土壤监测方面的应用和研究在国内外不多见。如何发掘盐渍化土壤的热红外光谱特征与其化学及物理参数的内在联系并建立光谱预测模型，对利用热红外遥感监测土壤盐渍化尤为重要。本研究将热红外遥感独特的发射率光谱特性应用于土壤盐渍化监测中，可为可见光—近红外遥感提供必要的补充信息，并为星载传感器识别土壤盐分信息提供新的技术支撑。

第一节　样品采集与热红外发射率光谱测量

土壤样品采自渭—库绿洲东北的农田表层（0～20 cm），采集时间为 2015 年 6 月 15 日，采样方法为混合采样。土壤样品制备过程如下：将从野外采回的土壤置于实验室通风处自然风干，然后进行磨碎，多次通过 2 mm 孔径筛后移除植物残体和石砾，充分混匀后，将处理过的土壤样品装入统一规格的样品盒内，每份样品保存量为 500 g，共 130 份备用。为了配置不同程度含盐量的样品，在采集土壤样品的同时，采集了盐结晶体带回实验室，利用溶解法，提取了纯盐。同样称取 1～100 g 不同质量的纯盐 130 份，130 份样品按照随机正态分布的原则进行配置。为了使制备的含盐土壤样品接近自然土壤，首先将称取的纯盐溶解于去离子水中，将盐溶液与土壤样品充分混合，置于室内风干、碾碎。通过以上处理共制成标准土壤样品 130 份，为后期土壤热红外发射率光谱测量和建立预测模型打下了基础。

热红外发射率光谱测量采用美国 Design Prototypes 公司生产的 102F 便携式傅里叶变换热红外光谱仪。该仪器的光谱范围为 2～16 μm，光谱分辨率为 4 cm^{-1}、8 cm^{-1}、16 cm^{-1}可调，发射率精度为±0.02，工作温度为 0 ℃～45 ℃，噪声等效温差为 0.01 ℃。土壤热红外发射率光谱测量实验在 2015 年 8 月 15 日选择在无风、晴朗无云的天气条件下在室外进行，测量地点四周没有高大建筑物的影响，环境温度为 20 ℃～30 ℃。热红外发射率光谱采用 4.0°视场角，垂直观测，光谱分辨率为 4 cm^{-1}。测量时采用冷热黑体标定，使用液氮对仪器进行冷却，每 30 min 测量大气下行辐射，进行一次黑体标定。记录每份样品编号、冷热黑体温度、金板温度、样品温度等参数，用于温度和发射率的分离（TES）。最终，利用光谱平滑迭代法（Iterative spectrally smooth temperature—emissivity separation）进行温度和发射率的分离。其计算公式如下：

$$S = \sum_{j=2}^{N-1} \left(\varepsilon_j - \frac{\varepsilon_{j-1} + \varepsilon_j + \varepsilon_{j+1}}{3} \right)^2 \quad (4\text{-}1)$$

式中　ε_j——某一地表温度对应的第 j 波段的发射率；

　　　N　　波段数。

在热红外发射率光谱采集时，每份土壤样品采集三条光谱曲线，算术平均后得到该土壤样品的热红外发射率光谱数据。本研究采用邻近平均值法(Moving Average)对所有土壤样品光谱数据进行平滑处理。对去噪后的发射率光谱数据进行了一阶导数、二阶导数、标准化比值三种形式变换，结果如图 4-1 所示。

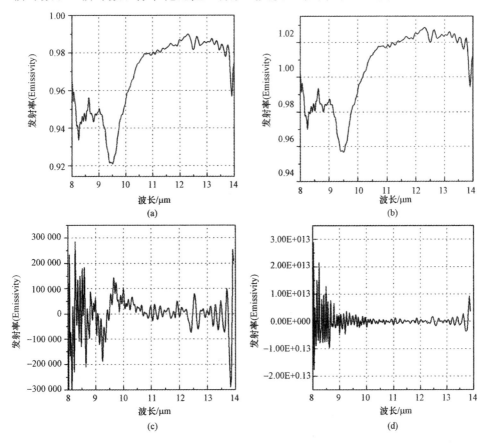

图 4-1　发射率光谱数据预处理结果

(a)原始光谱；(b)标准化比值；(c)一阶导数；(d)二阶导数

第二节　土壤热红外发射率光谱特征分析

图 4-2 所示为具有不同含盐量土壤的热红外发射率光谱特征。由该图可知，除了盐结晶体以外，不同含盐量的土壤热红外发射率曲线总体变化趋势基本相似，含盐量为

0.31%～27.81%的土壤,都继承了石英的热红外发射率光谱特征,8.0～9.3 μm光谱曲线出现了两个波谷和一个波峰,12.3～13 μm光谱曲线出现两个小的波谷和一个小的波峰,在强、弱吸收谷之间,发射率曲线近乎平滑地上升过渡。随着土壤含盐量的增加,石英的热红外发射率光谱特征逐渐消除,越来越不明显,发射率逐渐增大,直到盐结晶体的热红外发射率光谱变化很小,并且发射率达到最大值。在8～10.5 μm处土壤热红外发射率光谱减小的波段正是盐结晶体发射率逐渐增大的波段范围。

总体而言,盐渍化土壤的热红外发射率光谱曲线特征是随着含盐量的变化都表现出相似的变化特点。随着土壤盐渍化程度的加深(土壤含盐量增大),土壤热红外发射率逐渐增大,两者呈正比的关系变化。土壤中主要矿物质二氧化硅含量的减少,使得二氧化硅的光谱曲线特征逐渐消除,发射率曲线随二氧化硅的减少而增大,两者呈反比关系变化。

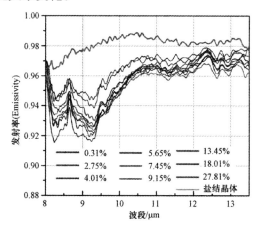

图 4-2 不同含盐量土壤发射率光谱特征曲线

为了进一步明确含盐量光谱响应区域和发现特征波段,我们对所有土壤样品的含盐量和原发射率数据以及经三种变换后的发射率变量逐波段求其相关系数,结果如图4-3所示。从图4-3(a)中可以发现,土壤含盐量与热红外发射率光谱数据相关性较高,8.5～9.5 μm波段范围内表现尤为显著,相关系数超过0.8,相关系数最高为0.90,对应波段范围为9.259～9.271 μm。随着波长的推移,相关系数逐渐降低,至波段13.0 μm以后,相关系数降低至0.4以下。另外,经过变换后的土壤热红外发射率光谱数据与土壤含盐量相关性结果相差不大。其一阶导数与含盐量的相关性效果优于标准化比值和二阶导数。一阶导数、二阶导数和标准化比值虽然增强效果均不明显,但是最高相关系数对应特征波段向 Reststrahlen 特征波段移动,说明导数变换更有利于发现土壤石英的光谱特征。与此同时,实验数据证明,热红外发射率与土壤含盐量呈相关性,而且波段较宽,进一步说明利用热红外遥感技术监测土壤盐渍化具有一定的潜力。同时,为后续建立土壤盐分反演模型研究提供了理论基础。

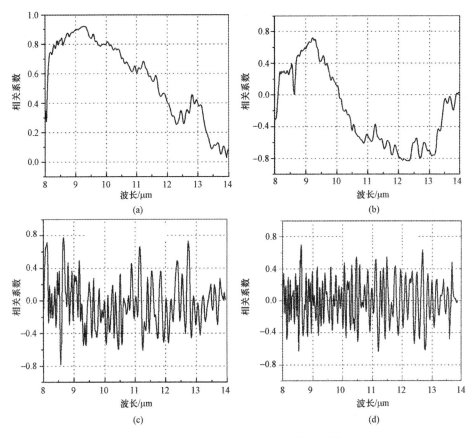

图 4-3　盐渍化土壤光谱预处理的相关性

(a)原始数据；(b)标准化比值；(c)一阶导数；(d)二阶导数

第三节　土壤盐分的反演与验证

本研究采用回归模型(Regression Model)对热红外发射率光谱数据及其数学变换形式与土壤含盐量的关系进行分析，建立土壤含盐量光谱预测模型，并使用判定系数(R^2)、均方根误差(RMSE)和 F 值(F 检验法)对所建立的模型和预测精度进行评价分析，将处理后的 130 份热红外发射率光谱样品随机分配成建模数据 80份、验证数据 50 份。

表 4-1 列出了基于不同数据处理方法得到的土壤含盐量最优线性回归模型，R^2_{adj}越大，说明模型的拟合能力和稳定性越好；RMSE 越小，说明模型的精度越高，预测能力也越好。从建模效果可以看出(表 4-1)，四种不同数据变换形式建立的模型均较好，其中建模效果最好的是一阶导数变换形式数据，R^2 达到了 0.837，F 检验也是所有数据形式建模中的最大值，为 472.870；R^2 最低的是标准化比值，

变换为 0.754，建模效果最差。另外，从模型的预测精度分析中可以看出，预测精度最高的同样是一阶导数变换，R^2 为 0.899，RMSE 最小为 1.734；预测精度最差的是标准化比值变换，R^2 为 0.794，RMSE 最大为 2.156。从建模效果和预测精度双重考虑(表 4-1、图 4-4)，基于四种数据变换形式的回归模型，一阶导数变换形式下建模效果和预测精度都是最优的。说明基于热红外光谱特性的土壤含盐量高光谱模型可以用于研究区土壤盐分监测。

表 4-1 回归模型建立结果

处理方法	建　模		预　测	
	R^2_{adj}	F_{Test}	R^2_{adj}	RMSE
原始数据	0.802	265.452	0.821	1.986
标准化比值	0.754	206.341	0.794	2.156
一阶导数	0.837	472.870	0.899	1.734
二阶导数	0.825	449.625	0.869	1.973

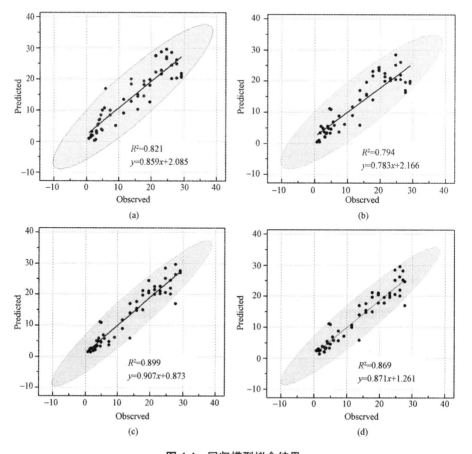

图 4-4 回归模型拟合结果

(a)原始数据；(b)标准化比值；(c)一阶导数；(d)二阶导数

　　本研究采用回归模型(Regression Model)对热红外发射率光谱数据及其数学变换形式与土壤含盐量之间的关系进行分析，建立了土壤含盐量热红外光谱预测模型。研究结果显示，盐渍化土壤的发射率随着含盐量的变化而发生变化，当土壤盐分增加时，其发射率也随之增大。土壤含盐量与热红外发射率光谱数据呈高度相关性，在 $8.5 \sim 9.5 \ \mu m$ 波段范围内表现尤为显著，相关系数都超过 0.8，最高为 0.9，对应波段范围为 $9.259 \sim 9.271 \ \mu m$。随着波长的推移，相关系数逐渐降低，至波段 $13.0 \ \mu m$ 以后，相关系数降低至 0.4 以下。本研究所运用的回归模型，在一阶导数变换形式下建模效果和预测精度都是最优的，R^2 达到了 0.899，RMSE 最小为 1.734。张严峻和夏军等人的研究表明，土壤波段为 $8.0 \sim 10.8 \ \mu m$，盐结晶发射率增大，土壤含盐量与土壤热红外发射率呈正比关系。另外，阿尔达克等对艾比湖土壤热红外光谱特征研究发现，波段为 $9.21 \sim 12 \ \mu m$，土壤盐分与土壤热红外发射率有较好的相关性，建立的模型预测结果较好，R^2 到达 0.82。本研究结果与上述学者研究结果基本一致，但光谱敏感波段和预测精度有差异。由于野外光谱及其影响因素较室内光谱更难控制，基于野外光谱特征得到的含盐量光谱模型用于预测盐分时必然产生一定的偏差，这是因为土壤热红外发射率光谱特征不仅因含盐量变化而变化，而且还会受到土壤质地、有机质、水分、颜色、矿物组成、表面粗糙度等因素的影响，在自然条件下，上述因素对土壤热红外发射率光谱的影响很难截然分开。本研究在实验室只是测定土壤含盐量对土壤热红外发射率光谱特征的影响，是通过控制单一变量来获得的实验结果，这是因为本研究所选择的研究区气候干旱，地势较平坦，粗糙度变化不大，同时，土壤表层含水量很低，大部分接近 0，盐渍化现象非常普遍，除盐分因子外，其他条件变化不大。因此，本次实验过程中，除了土壤盐分以外，其他因素需要控制得一致，我们认为土壤含盐量是唯一影响土壤热红外发射率光谱的因素。通常，对光谱数据进行变换处理后具有放大原始光谱信息、消除或减弱土壤背景噪声、提高信噪比等作用。本研究经过变换后的土壤热红外发射率光谱数据与土壤含盐量相关性结果相差不大，这可能是由于本研究对土壤进行了前期处理，使得土壤参数较为一致，因此变换没有明显的作用。

第五章　土壤盐渍化时空演变研究

第一节　土壤盐渍化动态变化规律研究

土壤盐渍化是一个动态变化过程，是自然因素和人类活动相结合的产物。深入了解土壤盐渍化演变时空特征及其驱动机制是了解土壤盐渍化形成机制和制定土壤盐渍化治理对策的基础，是一项长期的工作。根据本研究需求，选取的遥感影像分别是 1989 年 9 月、2001 年 8 月、2006 年 7 月以及 2010 年 8 月的美国 Landsat TM/ETM+影像。首先，对研究区的四期遥感影像分别进行几何校正。将四期影像的地物划分为 7 类，即农田（A）、林地（B）、轻度盐渍地（C）、中度盐渍地（D）、重度盐渍地（E）、水体（F）和其他（G）。采用监督分类法对四期遥感影像进行分类，获得相应的四幅影像，如图 5-1 所示。四期影像分类后的精度都可以满足该研究的要求。统计 21 年间不同地物类型变化情况及转移信息矩阵，分析各类地物的相互转化情况，定量分析该转移矩阵和重心迁移情况，计算出土地利用变化的动态度，从而研究土地利用/土地覆被的时空变化规律。

一、土壤盐渍化时空变化分析方法

建立土壤盐渍化动态变化模型是研究土壤盐渍化变化过程、变化程度及未来发展变化趋势的主要手段，合理利用这些模型，将对土壤盐渍化变化研究起到积极作用。

为了比较不同程度盐渍化土壤的区域差异和时空变化趋势，本研究引入土地利用动态度来描述研究区域四个时期不同程度盐渍化土壤的数量变化速度。动态度只定量地表示研究期间各地类的变化（增加或减少）幅度或快慢，是一个相对值，仅代表在某一特定时间内某一土地利用类型的相对变化速度。盐渍化土壤作为土地利用类型之一，其单一的动态变化度公式可表达为

$$K = \frac{U_b - U_a}{U_a} \times \frac{1}{T} \times 100\% \tag{5-1}$$

式中　K——研究时段区域某一种土地利用类型变化率；

U_a、U_b——研究时段开始与结束时该土地利用类型的面积；

T——研究时段。

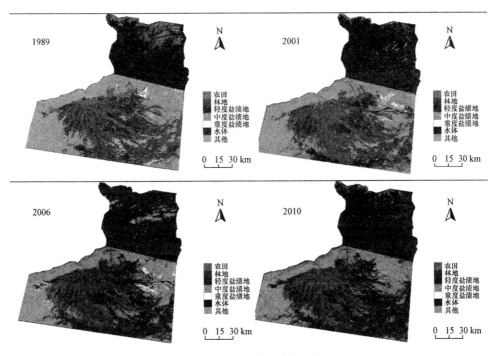

图5-1　遥感影像分类结果图

将四期影像的分类结果在 ARCGIS 9.2 下进行叠加分析，分别得到各类地物的转化图（图 5-2、图 5-3、图 5-4），与在 ENVI 5.1 下进行转移分析所得到的 1989—2001 年、2001—2006 年和 2006—2010 年土壤覆被转移矩阵（表 5-1、表 5-2、表 5-3）和面积比率（表 5-4）相结合，分析各类地物之间的转化情况。

二、土地利用动态度分析

土地利用变化主要体现在土地利用类型变化、土地利用类型数量变化、土地资源生态背景质量变化、土地利用程度变化及土地利用变化的区域差异等方面。土地利用动态度定量地描述了土地利用的变化速度，对预测未来土地利用变化趋势有积极的作用。

运用上述理论依据，得出 1989—2001 年、2001—2006 年、2006—2010 年土地利用变化情况及其动态度，见表 5-4。

由表 5-4 可以看出，1989—2001 年，渭—库绿洲各类型土地利用情况变化显著，呈现"五增二减"的趋势：农田、林地、中度盐渍地、水体和其他均有所增加，其动态度均为正；而轻度盐渍地和重度盐渍地有所减少，动态度为负。其中中度盐渍地的动态度最大，达到了 35.35%；其次是水体，达到了 5.54%。在 12 年时间里，林地面积有所增加，主要是随着经济的发展，在"大力发展林果业"政策的

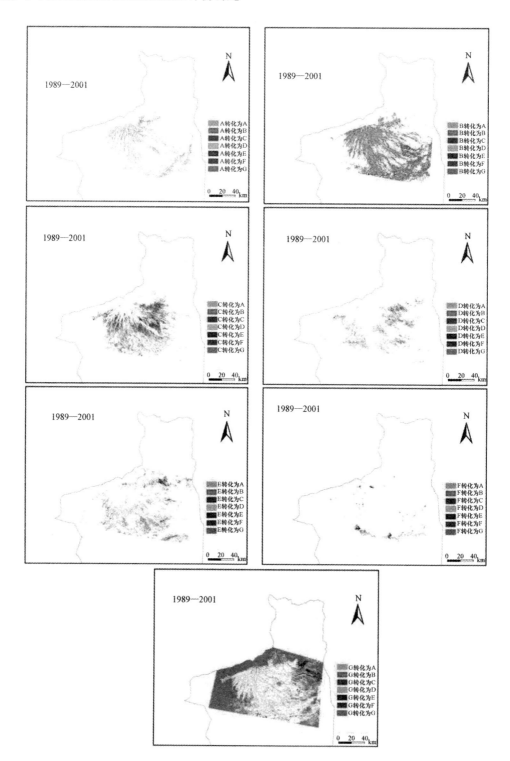

图 5-2　1989—2001 年各类地物的转化

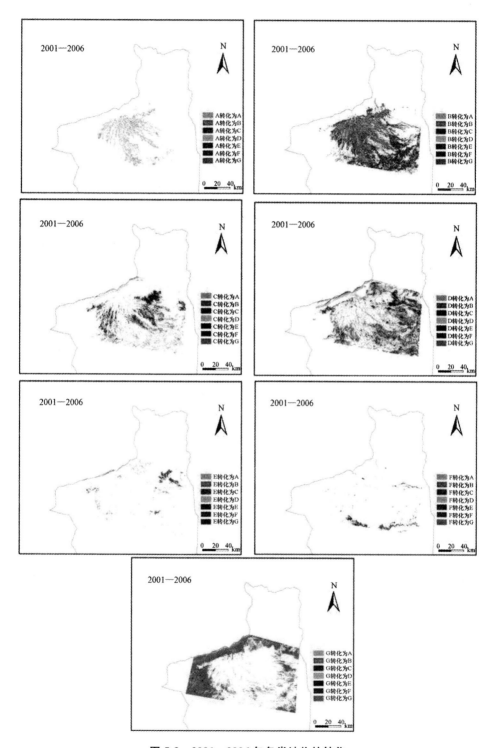

图5-3　2001—2006年各类地物的转化

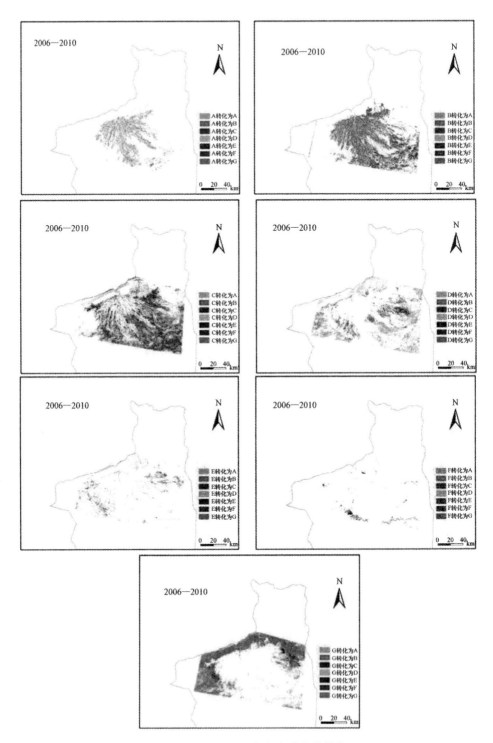

图 5-4　2006—2010 年各类地物的转化

表 5-1 1989—2001 年土地覆被转移矩阵 hm²

1989 年	2001 年							1989 年
	A	B	C	D	E	F	G	
A	3 987.63	32 355.90	472.95	1 773.45	17.64	155.16	123.57	38 886.30
	(10.24%)	(83.21%)	(1.22%)	(4.56%)	(0.05%)	(0.40%)	(0.32%)	(100%)
B	29 382.39	306 297.00	17 802.36	54 243.27	631.35	7 840.62	5 413.41	421 610.40
	(6.96%)	(72.65%)	(4.22%)	(12.87%)	(0.15%)	(1.86%)	(1.28%)	(100%)
C	2 112.75	77 940.54	58 633.02	36 936.72	1 022.04	822.42	2 478.78	179 946.30
	(1.17%)	(43.31%)	(32.58%)	(20.53%)	(0.57%)	(0.46%)	(1.38%)	(100%)
D	303.75	8 172.54	17 131.05	24 048.45	2 420.10	94.23	8 105.58	60 275.70
	(0.50%)	(13.56%)	(28.42%)	(39.90%)	(4.02%)	(0.16%)	(13.45%)	(100%)
E	2 028.15	27 411.57	8 966.61	35 567.73	4 453.92	570.42	14 032.35	93 030.75
	(2.18%)	(29.47%)	(9.64%)	(38.23%)	(4.79%)	(0.61%)	(15.08%)	(100%)
F	59.67	4 108.77	852.84	1 719.00	345.06	7 876.53	843.84	15 805.71
	(0.38%)	(26.00%)	(5.40%)	(10.88%)	(2.18%)	(49.83%)	(5.34%)	(100%)
G	4 996.80	52 863.57	30 427.02	161 548.20	22 708.53	8 964.90	385 820.28	667 329.30
	(0.75%)	(7.92%)	(4.56%)	(24.21%)	(3.40%)	(1.34%)	(57.82%)	(100%)

表 5-2 2001—2006 年土地覆被转移矩阵 hm²

2001 年	2006 年							2001 年
	A	B	C	D	E	F	G	
A	19 558.71	22 088.79	1 185.21	15.66	11.97	6.66	5.13	42 872.13
	(45.62%)	(51.52%)	(2.76%)	(0.04%)	(0.03%)	(0.02%)	(0.01%)	(100%)
B	63 520.29	292 846.86	136 661.13	7 488.90	2 535.21	3 092.22	3 015.18	509 159.80
	(12.48%)	(57.52%)	(26.84%)	(1.47%)	(0.50%)	(0.61%)	(0.59%)	(100%)
C	676.62	12 501.45	87 209.82	21 453.39	5 950.98	1 011.06	5 532.03	134 335.40
	(0.50%)	(9.31%)	(64.92%)	(15.97%)	(4.43%)	(0.75%)	(4.12%)	(100%)
D	2 845.71	31 671.27	131 518.98	64 925.64	13 079.25	1 122.12	70 806.60	315 969.60
	(0.90%)	(10.02%)	(41.62%)	(20.55%)	(4.14%)	(0.36%)	(22.41%)	(100%)
E	45.27	630.63	6 021.81	4 636.35	2 995.11	339.12	16 947.45	31 615.74
	(0.14%)	(1.99%)	(19.05%)	(14.66%)	(9.47%)	(1.07%)	(53.60%)	(100%)
F	129.06	4 352.13	9 398.61	1 022.94	1 229.58	8 012.87	2 188.80	26 333.99
	(0.49%)	(16.53%)	(35.69%)	(3.88%)	(4.67%)	(30.43%)	(8.31%)	(100%)
G	284.94	5 936.94	36 448.47	63 358.74	12 242.70	207.45	298 641.15	417 120.40
	(0.07%)	(1.42%)	(8.74%)	(15.19%)	(2.94%)	(0.05%)	(71.60%)	(100%)

表 5-3　2006—2010 年土地覆被转移矩阵　　　　　　　　　　　　hm²

2006 年	2010 年							2006 年
	A	B	C	D	E	F	G	
A	28 056.60	56 934.09	1 544.67	132.84	5.13	321.48	65.79	87 060.60
	(32.23%)	(65.40%)	(1.77%)	(0.15%)	(0.01%)	(0.37%)	(0.08%)	(100%)
B	31 426.47	240 951.70	78 699.60	3 518.37	361.71	10 764.9	4 305.24	370 028.00
	(8.49%)	(65.12%)	(21.27%)	(0.95%)	(0.10%)	(2.91%)	(1.16%)	(100%)
C	4 935.96	42 201.09	241 833.00	58 576.77	7 438.05	20 950.47	32 508.81	408 444.0
	(1.21%)	(10.33%)	(59.21%)	(14.34%)	(1.82%)	(5.13%)	(7.96%)	(100%)
D	1 232.10	2 945.79	33 555.69	64 465.56	9 973.71	1 637.37	49 091.40	162 901.00
	(0.76%)	(1.81%)	(20.60%)	(39.57%)	(6.12%)	(1.01%)	(30.14%)	(100%)
E	199.62	705.15	7 577.73	7 084.17	5 637.33	2 307.06	14 533.74	38 044.80
	(0.52%)	(1.85%)	(19.92%)	(18.62%)	(14.82%)	(6.06%)	(38.20%)	(100%)
F	45.99	486.18	3 567.42	77.49	392.85	8 513.28	708.39	13 791.60
	(0.33%)	(3.53%)	(25.87%)	(0.56%)	(2.85%)	(61.73%)	(5.14%)	(100%)
G	418.59	1 338.93	13 408.11	41 912.01	22 278.96	3 067.83	314 711.90	397 136.00
	(0.11%)	(0.34%)	(3.38%)	(10.55%)	(5.61%)	(0.77%)	(79.25%)	(100%)

表 5-4　1989—2001 年、2001—2006 年、2006—2010 年土地利用变化表　　　hm²

项目	A	B	C	D	E	F	G
1989 年	38 894.13	421 726.59	179 962.02	60 278.85	93 063.15	15 817.50	667 665.36
2001 年	42 872.13	509 159.79	134 335.35	315 970.02	31 615.74	26 334.18	417 121.47
增加量 U_b-U_a	3 978.00	87 433.20	−45 626.70	255 691.20	−61 447.40	10 516.68	−250 543.89
动态度 RS/%	0.85	1.73	−2.11	35.35	−5.50	5.54	3.13
项目	A	B	C	D	E	F	G
2001 年	42 872.13	509 159.79	134 335.35	315 970.02	31 615.74	26 334.18	417 121.47
2006 年	87 060.60	370 028.16	408 444.21	162 901.62	38 044.80	13 791.60	397 136.43
增加量 U_b-U_a	44 188.47	−139 132.00	274 108.90	−153 068.00	6 429.06	−12 542.60	−19 985.04
动态度 RS/%	20.62	−5.47	40.81	9.70	4.06	−9.53	−0.96

续表

项目	A	B	C	D	E	F	G
2006 年	87 060.60	370 028.16	408 444.21	162 901.62	38 044.80	13 791.60	397 136.43
2010 年	66 315.33	345 563.01	380 186.37	175 767.21	46 087.74	47 562.48	415 925.55
增加量 $U_b - U_a$	−20 745.27	−24 465.15	−28 257.84	12 865.59	8 042.94	33 770.88	18 789.12
动态度 $RS/\%$	−5.97%	−1.65	−1.74	1.98	5.28	61.23	1.17

指引下，渭—库绿洲各类果树的种植面积增加，从而使林地面积增加。农田的动态度最小，只有 0.85%。轻度和重度盐渍地面积有所减少；中度盐渍地面积大幅增加，主要是盐分随着水体而运移，并且不断积累，轻度盐渍地部分转化为中度盐渍地，使得中度盐渍地增加。

2001—2006 年，在 5 年时间里，各类地物面积呈现"四增三减"的趋势：农田、轻度盐渍地、中度盐渍地和重度盐渍地均有所增加，动态度为正；林地、水体和其他均有所减少，动态度为负。其中，农田由 42 872.13 hm² 增加到 87 060.60 hm²，动态度为 20.62%，农田面积在稳步地增加，这主要归因于 5 年间棉花价格上涨，产生较好的经济效益，促使棉田面积相应扩大。为了加快城市建设，对林地盲目开采，导致林地面积有所减少，其动态度为−5.47%。由于化肥和农药使用不合理，以及灌溉不合理，各类盐渍地均有所增加，尤其轻度盐渍地增加幅度最大，其动态度为 40.81%。水体呈现明显的减少趋势，部分水体向其他地物类型转化，部分水体干涸，导致水体面积减少。

2006—2010 年，历经 4 年时间，各类地物面积呈现"四增三减"的趋势：中度盐渍地、重度盐渍地、水体和其他均有所增加，动态度为正；农田、林地、轻度盐渍地均有所减少，动态度为负。其中，水体的动态度最大，高达 61.23%，水体面积显著增大，主要归因于研究区灌溉技术和排水系统得以改善，渠系利用率提高。农田略有减少，工业化进程迅猛是导致农田面积较少的重要原因之一。由于对树木的砍伐利用不合理，林地面积略有减少。重度盐渍地略有增加，动态度为 5.28%。其他(G)的动态度依然较小，动态变化微弱，足以说明长期以来对戈壁、荒漠、沙土以及黏土等的利用仍然无法突破，无法使其得以开发。

21 年间，农田面积呈现先稳步增加，后略有减少的趋势，而林地则呈现先急剧增加，后略有减少的趋势，充分说明植树造林和以经济建设为中心的政策在该地区得到很好的贯彻实施。轻度盐渍地总面积呈现略微减少——明显增加——略微减少的趋势，中度盐渍地呈现持续增加的趋势，重度盐渍地则呈现先减少后增加的趋势。由于灌溉不合理，导致土壤盐渍化加剧，轻度盐渍地、中度盐渍地、重度盐渍地与非盐渍地之间都存在不同程度的转化，但中度盐渍地发生转移变化的程度在所有地物类型中最高。水体处于增加——减少——增加的状态，研究区水体的空间分布发生很大变化：2001—2006 年，原有水体空间分布被人工改造，从而改变了水体的空间分布和数量，原来的低洼地区较少得到水补给，出现干旱化和盐渍化；2006—2010 年，研究区为了充分利用水资源，通过修建水库和灌溉排水渠道来对水进行调配，水体明显增加。

三、土地利用/土地覆被类型的相互转化

(1)1989—2001 年，12 年间的地物转移变化尤其突出：各类地物向林地的转化非常明显，整个研究区土壤盐渍化的变化非常剧烈，位于绿洲内的中上部区域很多盐渍地转化为林地和其他，而位于绿洲外围的研究区下部表现为三种类型的盐渍地相互转化。农田向重度盐渍地、水体和其他转化的比例非常小，分别只占 1989 年农田面积的 0.05%、0.40% 和 0.32%。林地覆被变化最为显著，林地大幅增加的原因是各类果树的种植面积增加，农田、林地和轻度盐渍地的转化比例分别是 83.21%、72.65% 和 43.31%。林地向中度盐渍地的转化比较明显，转化面积占 1989 年林地总面积的 12.87%。中度盐渍地向轻度盐渍地转化相对较多，占到了 28.42%。重度盐渍地呈现明显的动态变化，向中度盐渍地转化了 38.23%，而中度盐渍地向重度盐渍地的转化只有 4.02%，说明盐渍化的严重程度有所改善。各类地物均向水体发生了转化，使得水体呈现增加趋势。其他(包括戈壁、沙土和黏土等)向各类地物的转化情况不明显。

(2)2001—2006 年，农田增多，但是向其他各类地物的转化均不明显，农田向水体和其他(G)的转化比例分别是 0.02% 和 0.01%。在研究区下部，轻度盐渍地向其他两类盐渍地的转化较为轻微，而中度盐渍地向轻度盐渍地的转化比例高达 41.62%，各类地物向中度盐渍地的转化均不显著，重度盐渍地转化为轻度、中度盐渍地的面积占到了原重度盐渍地面积的 19.05% 和 14.66%。水体面积有所减少，且向其他地物的转化明显，部分水体干涸。其他(包括戈壁、沙土、黏土等)向中度盐渍地转化了 15.19%。

(3)2006—2010 年，研究区农田向重度盐渍地和其他转化的比例最小，转化比例分别是 0.01% 和 0.08%。林地向轻度盐渍地的转化较为明显，达到了 2006 年林地总面积的 21.27%。轻度、中度、重度盐渍地之间的相互转化较为明显。同时，中度盐渍地和重度盐渍地向其他的转化也很剧烈，转化比例分别是 30.14% 和 38.20%。水体有 25.87% 转化为轻度盐渍地，而其他各类地物转化为水体的比例均较小。其他(G)向重度盐渍地的转化比例相对较大，为 10.55%，向其余各类转化均不明显。

四、各地物类型重心迁移变化分析

1989—2010 年，随着时间的推移，各类地物均有迁移的趋势。其中，水体的

重心于 1989—2001 年间向北迁移的距离最远，为 23.12 km；同期重度盐渍地重心迁移距离次之，为 22.04 km。农田的重心于 1989—2001 年间向西北方向迁移，农田与林地的相互转化很显著，大量林地转化为农田，导致农田迁移距离较大，为 19.30 km；2001—2006 年及 2006—2010 年受国家生态环境政策影响，各地物类型向农田的转化不显著，因此农田重心迁移距离明显减小，分别为 1.88 km 和 0.50 km。林地的重心于 1989—2001 年逐年向西南方向迁移，为 6.43 km，并且迁移的距离逐年增大，2001—2006 年向东迁移了 8.53 km，2006—2010 年，向西迁移 9.12 km。21 年间，由于生态环境破坏、盐渍化的加剧以及人类对土地的不合理利用，造成林地和部分水体转变为各类不同程度的盐渍地，而不同盐渍地之间的转化非常频繁，导致各类盐渍地的重心表现出相应的不规则的迁移特征。轻度盐渍地的重心在三个时段里迁移距离分别为 8.59 km、8.98 km 和 4.64 km。中度盐渍地重心向西北方向迁移，迁移距离分别为 12.92 km、8.18 km 和 12.22 km。受资源开发利用的条件限制，该地区对戈壁、荒漠、沙土等的开发依然停滞不前，前 12 年轻度盐渍地向其他(G)的转化相对较多，导致 12 年间其他(G)的重心迁移也较为明显，为 17.85 km。如表 5-5 和图 5-5 所示。

表 5-5 1989—2010 年各类地物重心坐标

年份	1989		2001		2006		2010	
	经度	纬度	经度	纬度	经度	纬度	经度	纬度
A	83.04°	41.32°	82.84°	41.40°	82.86°	41.39°	82.86°	41.38°
B	83.10°	41.35°	83.06°	41.30°	83.14°	41.25°	83.04°	41.29°
C	83.02°	41.35°	83.10°	41.31°	83.07°	41.39°	83.03°	41.42°
D	82.97°	41.34°	83.06°	41.43°	82.99°	41.39°	82.85°	41.45°
E	83.00°	41.33°	82.10°	41.52°	82.84°	41.45°	82.93°	41.47°
F	82.86°	41.36°	83.11°	41.27°	82.99°	41.31°	83.18°	41.28°
G	83.07°	41.31°	83.13°	41.47°	83.02°	41.37°	82.14°	41.40°

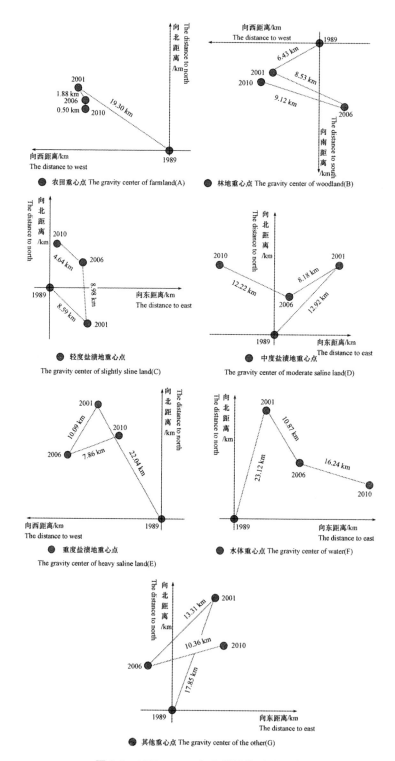

图 5-5 1989—2010 年各类地物重心迁移

五、土壤盐渍化动态格局变化与预测

根据 1989、2001、2006 和 2010 年研究区土壤盐渍化遥感数据分类结果，得到研究区四期盐渍地统计数据（表 5-6、表 5-7 和图 5-6）。

表 5-6　1989、2001、2006、2010 年各类型盐渍地数量统计

年份	轻度盐渍地(C)		中度盐渍地(D)		重度盐渍地(E)		合计/hm²
	面积/hm²	占比/%	面积/hm²	占比/%	面积/hm²	占比/%	
1989	179 962.02	54	60 278.85	18	93 063.15	28	333 304.02
2001	134 335.35	28	315 970.02	66	31 615.74	6	481 921.11
2006	408 444.21	67	162 901.62	27	38 044.80	6	609 390.63
2010	380 186.37	63	175 767.21	29	46 087.74	8	602 041.32

表 5-7　1989—2001、2001—2006、2006—2010 年盐渍地变化表　　　　hm²

项目	轻度盐渍地(C)	中度盐渍地(D)	重度盐渍地(E)
1989 年	179 962.02	60 278.85	93 063.15
2001 年	134 335.35	315 970.02	31 615.74
增加量	−45 626.70	255 691.20	−61 447.40
动态度/%	−2.11	35.35	−5.50
项目	轻度盐渍地(C)	中度盐渍地(D)	重度盐渍地(E)
2001 年	134 335.35	315 970.02	31 615.74
2006 年	408 444.21	162 901.62	38 044.80
增加量	274 108.90	−153 068.00	6 429.06
动态度/%	40.81	9.70	4.06
项目	轻度盐渍地(C)	中度盐渍地(D)	重度盐渍地(E)
2006 年	408 444.21	162 901.62	38 044.8
2010 年	380 186.37	175 767.21	46 087.74
增加量	−28 257.84	12 865.59	8 042.94
动态度/%	−1.74	1.98	5.28

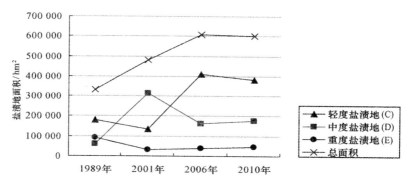

图 5-6　1989－2010 年盐渍地面积变化情况

对 1989—2001、2001—2006、2006—2010 年三个时段的盐渍地的时空变化情况分别进行分析：

(1)1989—2001 年，盐渍地总面积增加，1989 年为 333 304.02 hm²，2001 年达到 481 921.11 hm²，增加 148 617.09 hm²，增长率为 44.6%，年均增加 12 384.76 hm²。其中：①轻度盐渍地 1989 年为 179 962.02 hm²，2001 年为 134 335.35 hm²，减少 45 626.67 hm²，增加率为－25%，年均减少 3 802.22 hm²；②中度盐渍地 1989 年为 60 278.85 hm²，2001 年达到 315 970.20 hm²，增加 255 691.35 hm²，增加率为 424%，年均增加 21 307.61 hm²；③重度盐渍地 1989 年为 93 063.15 hm²，2001 年为 31 615.74 hm²，减少 61 447.41 hm²，增加率为－66%，年均减少 5 120.62 hm²。

(2)2001—2006 年，盐渍地总面积继续增加，2006 年盐渍地面积为 609 340 63 hm²，与 2001 年相比增加 127 469.52 hm²，增加率为 26%，年均增加 25 493 90 hm²。其中：①轻度盐渍地 2006 年达到 408 444.21 hm²，与 2001 年相比增加 274 108.86 hm²，增加率为 204%，年均增加 54 821.77 hm²；②中度盐渍地 2006 年为 162 901.62 hm²，与 2001 年相比减少 153 068.4 hm²，增加率为－48%，年均减少 30 613.68 hm²；③重度盐渍地 2006 年达到 38 044.80 hm²，与 2001 年相比增加 6 429.06 hm²，增加率为 20%，年均增加 1 285.81 hm²。

(3)2006—2010 年，盐渍地总面积开始减少，2010 年盐渍地面积为 602 041.32 hm²，与 2006 年相比减少 7 349.31 hm²，增加率为－1%，年均减少 1 837.33 hm²。其中：①轻度盐渍地 2010 年为 380 186.37 hm²，与 2006 年相比减少 28 257.84 hm²，增加率为－7%，年均减少 7 064.46 hm²；②中度盐渍地 2010 年达到 175 767.21 hm²，与 2006 年相比增加 12 865.59 hm²，增加率为 8%，年均增加 3 216.40 hm²；③重度盐渍地 2010 年达到 46 087.74 hm²，与 2006 年相比增加 8 042.94 hm²，增加率为 21%，年均增加 2 010.74 hm²。

由此得出盐渍地总面积从 1989 年至 2006 年呈增加趋势，而从 2006 至 2010 年呈现减少趋势。

本研究选用广泛适用的 Markov 模型，基于该模型的计算原理，获得未来 20 年的不同程度盐渍地的面积(表 5-8、图 5-7)，从而对研究区进行盐渍地面积变化的预测分析。

表 5-8　渭—库绿洲盐渍地变化预测结果表　　　　　　　hm²

年份＼地类	A	B	C	D	E	F	G
2015	57 230	310 200	371 740	180 830	49 850	66 970	440 920
2020	51 290	282 670	366 200	184 810	52 500	77 780	462 840
2025	47 120	261 700	361 270	188 130	54 510	836 306	481 610
2030	44 090	245 790	357 800	190 900	56 080	86 660	497 440

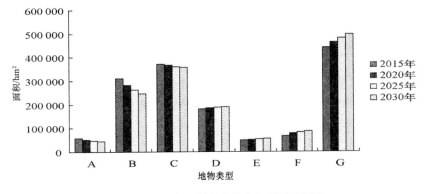

图 5-7　渭—库绿洲盐渍地变化预测结果图

预测结果表明：若植被盖度平均转移概率保持不变，在未来 20 年内，各类地物的面积均有所变化。其中农田、林地和轻度盐渍地面积呈现微弱减少趋势；中度盐渍地、重度盐渍地面积呈现微弱增加趋势，而水体和其他则呈现较为显著的增加趋势。同样，各类地物占总面积的比例，也呈现完全一致的变化趋势。2015—2030 年，农田从原本占总面积的 3.87%，降低至占总面积的 2.98%。林地和轻度盐渍地所占总面积的比例也在逐年降低。中度盐渍地、重度盐渍地、水体和其他占总面积的比例均逐步递增。尤其其他(G)的增加比例最为显著，从 2015 年的 440 920 hm²，增加到 2030 年的 497 440 hm²，所占比例也完全吻合逐步增加的趋势。

六、驱动因素分析

(1)自然因素。研究区气候特点是干旱多风，夏季炎热，冬季严寒，降水稀少，蒸发强烈，土壤以浓缩运动为主，空气干燥，温差大。在这种干燥气候条件下，土壤中的淋溶作用微弱，又因地面蒸发强烈，土壤和地下水中的盐分随着土壤毛细管的作用，不断上升至土壤表层，容易导致土壤盐渍化。同时，由于渭—库绿洲对防洪等方面的工作不完善，1989—2010年，渭干河决堤、塔里木河洪水泛滥都会对研究区的农田、林地、戈壁、水体，乃至人类产生诸多负面影响。例如1992年的冰雹，仅沙雅县就造成严重受灾面积达145.33 hm^2，充分体现环境优化和自然灾害治理的迫切性。

(2)人文因素。总人口、经济体制和农业生产力等都是驱动因素里人文因素的主要方面。1989年，研究区总人口为61.080 8万人，至2001年总人口为74.843 7万人，12年间增长13.762 9万人，增长率为22.53%，年均增长率为1.88%。2006年，研究区总人口为80.17万人，与2001年相比，人口增长5.326 3万人，增长了7.12%，年均增长率为1.42%。2009年，研究区总人口增至87.26万人，比2006年增长了7.09万人。1989—2009年，人口总共增长26.179 2万人，增长了42.86%，年均增长率为2.14%。伴随着人口数量的增加，土地利用程度不断增高，人们对土地资源的掠夺式开发和不合理利用，如过量施用化肥、滥垦滥伐等，造成土地沙化和盐渍化，加剧了土地退化，增加了现有土地压力。

经济体制的改革和农业生产力的进步也对土地利用、土地覆被的变化起到很大的驱动作用。1989年工业经济十分微弱，是以农业为主，研究区的三县属于典型的农业种植区，但是从2000年开始向工业化发展。

而对土壤盐渍化来说，灌溉不合理具有重要影响。灌溉技术落后，渠道渗漏大，渠系利用率低，排水系统不完善，大水漫灌等均可能导致潜水位急剧上升，迅速引起土壤次生盐渍化。1989年，研究区的有效灌溉面积为110 hm^2，历经20年，到2009年增加到178 hm^2。农田和林地面积增加的主要驱动因素与当地政府重视治沙防沙，在绿洲和沙漠的交界处大力植树造林，提高植被盖度，进行生态改造有密切关系。

土壤盐渍化是影响绿洲农业生产的重要因素之一，土壤盐渍化动态变化的研究对于评价与治理干旱区绿洲土壤盐渍化具有重要意义。以新疆渭—库绿洲为研究区，基于GIS平台，以1989年与2010年四个时期的遥感影像数据作为基本信息源，结合野外实地调查分析，对研究区的土壤盐渍化动态变化特征进行解译，得出以下相应的结论：

(1)经研究区的地物转化分析发现，1989—2010年，渭—库绿洲土地覆被类型有很大的变化，并且各土地覆被类型间转化频繁。农田和林地向其他地物类型的转化不十分明显，轻度、中度、重度盐渍地之间的相互转化较为剧烈。

(2)通过动态度分析，结果表明，在21年间，前12年土地利用不十分合理，之后的5年，农田增多，但是盐渍化情况依然没有得到较好的改善，盐渍化程度有所加剧。在 2006—2010 年的 4 年时间里，水体面积增加，盐渍化情况恶化不明显，但是，依然要在今后的土地开发利用中，给予足够重视。

（3）通过 Markov 模型分析，结果表明：2015—2030 年，农田从原本占总面积的 3.87%，降低至占总面积的 2.98%。林地和轻度盐渍地所占总面积的比例也在逐年稳定降低。中度盐渍地、重度盐渍地、水体和其他占总面积的比例均逐步递增。尤其其他（G）的增加比例最为显著，从 2015 年的 440 920 hm^2 增加到 2030 年的 497 440 hm^2，所占比例也完全吻合逐步增加的趋势。

（4）重心迁移分析充分说明，随着时间的推移，各类地物重心均有迁移的趋势。水体的重心于 1989—2001 年向北迁移的距离最远，同期重度盐渍地重心迁移距离次之。对各类地物的重心分布的计算和研究，有利于进一步研究土地利用、土地覆被的时空变化规律。

第二节 土壤盐渍化预警研究

由于预警研究具有深刻的内涵和重大的意义，在金融、资源、环境、灾害等领域应用不断深入。由于土壤盐渍化发生的自然和人为因素相对复杂，涉及许多新理论和新方法，预警难度较大是一个新的研究课题。土壤盐渍化预警则是对由人类活动引起的土壤盐渍化发生的可能性进行预测，并及时提出警告，以便采取相应的对策。虽然预警研究在其他领域得到了广泛应用，但是关于土壤盐渍化预警研究的文献尚不多见，土壤盐渍化预警理论研究和应用相对薄弱。这对土壤盐渍化预警研究提出了新的挑战。

一般而言，预警包括指标预警、统计预警和模型预警三种常用的方式。通常情况下，在建立预警模式时，首先应该对预警目标相关的指标进行分析，选取合理指标确定预警指标体系，然后在预警指标体系分析的基础上，建立预测模型，进行警级划分并作预警分析。

本研究首先选取土壤盐渍化影响因子，确定土壤盐渍化预警指标体系，然后引入多个参数建立预测模型，在此基础上，对研究区土壤盐渍化状况进行预警分析。通过预警研究可指出土壤盐渍化发生的地段及可能的警度，为合理开发利用土地资源、保护生态环境提供科学依据。

本研究选择渭—库绿洲作为实验区，数据资料包括研究区历史数据、遥感影像数据、地形数据和实地调查数据。

一、土壤盐渍化预警因子的选择

渭—库绿洲土壤盐渍化的产生和发展同许多因素有关，在盐渍土形成过程中，积盐过程十分显著，具有独特的积盐特点，前人对该区域的研究结果表明，该区域的地质、地貌、土壤质地环境为土壤盐渍化奠定了基础，气候条件决定了土壤盐渍化的必然性，水环境对土壤盐渍化的作用更为直接，人类不合理活动是土壤盐渍化的现实驱动力。王宏卫的研究进一步表明该区域的土壤盐渍化是自然因素与人为不合理活动共同作用的结果。

本研究选择土壤盐渍化预警指标时，不仅要考虑指标的合理性、代表性资料获取的可能性，还要避免因子过多导致模型复杂和结果失真等问题。因此，本研究针对研究区的土壤盐渍化影响因素从多方面作了较为详细的分析，根据国内外众多专家对干旱区土壤盐渍化的研究成果、研究区的实际情况和专家咨询，选择 10 个因素作为准则层，与方案层的自然因素、内部因素和人文因素建立层次结构模型。对指标因子的具体表达方式如图 5-8 所示。对这些指标进行筛选、量化和分级，并给出渭—库绿洲土壤盐渍化预警因子及其分级标准，见表 5-9。

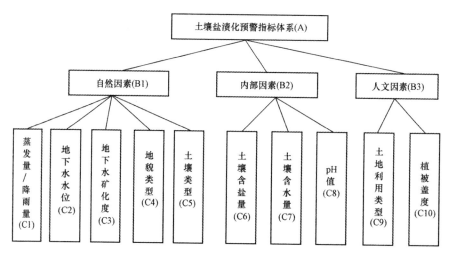

图 5-8　土壤盐渍化预警层次结构图

表 5-9　土壤盐渍化预警因子及分级标准

评价指标	因　子	无警（Ⅰ级）	轻警（Ⅱ级）	中警（Ⅲ级）	重警（Ⅳ级）
自然因素(B1)	蒸发量/降雨量(C1)	1～5	5～10	10～15	>15
	地下水水位(C2)/m	3.5～5.5	2.8～3.5	1.0～2.8	<1.0
	地下水矿化度(C3)/gl⁻¹	1.25～2.65	2.65～3.90	3.90～4.90	>4.90
	地貌类型(C4)	山地、丘陵	洪积平原	河谷平原	闭流盆地
	土壤类型(C5)	岩石	砾土、沙土	壤土	沙壤、黏土等

评价指标	因　子	无警 （Ⅰ级）	轻警 （Ⅱ级）	中警 （Ⅲ级）	重警 （Ⅳ级）
内部 因素 (B2)	土壤含盐量(C6)/%	0.5～1	1～3	3～5	>5
	土壤含水量(C7)/%	<0.25	0.25～0.4	0.4～0.75	>0.75
	pH值(C8)	7.00～7.50	7.50～7.72	7.72～8.00	8.00～8.50
人文 因素 (B3)	土地利用类型(C9)	城镇、居民点、沙漠、戈壁等	人造草地、林地、良质农田	疏林、弃耕地、灌木（红柳、梭梭、芦苇）	裸露盐碱地
	植被盖度(C10)/%	50～100	30～50	－15～30	－100～－15

二、预测模型的建立

本研究参考李凤全多年对我国典型盐渍化地区进行评价研究提出的模型，同时结合土地荒漠化预测模型，建立的土壤盐渍化预测模型表达式为

$$SD = \eta \sum_{i=1}^{10} S_{Q_i} \qquad (5\text{-}2)$$

式中　SD——盐渍化程度指数；

η——调节系数，用来修正模型；

n——模型中因子的个数，$n=10$；

S_{Q_i}——第 i 个因子对盐渍化程度的贡献值，Q_i 为第 i 个因子的因子强度，定义 $S_{Q_i} = Q_i W_{ai}$，W_{ai} 为因子权重系数，即因子对盐渍化程度的贡献值等于因子强度与因子权重系数的乘积。

由此，盐渍化预测模型完整表达式为

$$SD = \eta \sum_{i=1}^{10} S_{Q_i} W_{ai} \qquad (5\text{-}3)$$

式中　Q_i——因子强度；

W_{ai}——因子权重系数；

SD——盐渍化程度指数；

η——调节系数。

考虑到土壤盐渍化的地域差异性和客观性，避免人为主观因素的过多参与，本研究尝试对预测模型中的因子强度不再进行人为分级，而是都取为相同值，即 $Q_i=1$。盐渍化程度指数是从数学的范畴界定盐渍化程度，采用一定的分级标准使得其与盐渍化程度相对应。本研究参考前人的研究成果，同时，为了符合实际情况，将盐渍化预警划分为无警、轻警、中警、重警四类，SD采用0～1标度法，详见表5-10。

表 5-10　土壤盐渍化预警划分标准

划　分	判别指数	程　度	采取措施
Ⅰ级	<0.3	无警	尽早采取预防措施，建立合理灌溉方式和灌溉制度，进一步完善现代化的排水系统
Ⅱ级	0.3~0.5	轻警	加强观测，提高灌溉效率，减少渠系损失，建立预警预报系统，控制破坏的速度和规模
Ⅲ级	0.5~0.7	中警	停止不合理的荒地开垦，平整土地，种植耐盐作物，采用生物改良，给盐分留下生态用地
Ⅴ级	>0.7	重警	井渠结合，调控地下水水位，实施工程治理和防治措施，进行综合治理

三、构建判别矩阵和权重计算

　　层次分析法是多目标的综合评价指标权重确定的主要方法之一。该方法已在许多领域得到应用，取得了显著成果。根据土壤盐渍化预警层次分析图和土壤盐渍化因子的判断矩阵，进行一致性检验和权重计算，见表 5-11(a)~(e)。

　　通过计算土壤盐渍化影响因素权重可以看出，对渭—库绿洲土壤盐渍化影响较大的因素主要是自然因素，其累计权重达 0.54；其次为人文因素，权重为 0.297；内部因素影响最小，权重为 0.163。

表 5-11(a)　A~B 判断矩阵

A	B1	B2	B3	ω
B1	1	3	2	0.540
B2	1/3	1	1/2	0.163
B3	1/2	2	1	0.297
$\lambda_{\max}=3.009$　$C_I=0.004\,6$　$R_I=0.58$　$C_R=0.007\,9<0.1$				

表 5-11(b)　B1~C 判断矩阵

B1	C1	C2	C3	C4	C5	ω
C1	1	1/3	1/3	1	1	0.109
C2	3	1	1/2	3	3	0.289
C3	3	2	1	3	3	0.384
C4	1	1/3	1/3	1	1	0.109
C5	1	1/3	1/3	1	1	0.109
$\lambda_{\max}=5.058$　$C_I=0.001\,47$　$R_I=1.129$　$C_R=0.001\,31<0.1$						

表 5-11(c)　B2～C 判断矩阵

B2	C6	C7	C8	ω
C6	1	2	5	0.582
C7	1/2	1	3	0.309
C8	1/5	1/3	1	0.109
$\lambda_{max}=3.0037$　$C_I=0.0018$　$R_I=0.59$　$C_R=0.0032<0.1$				

表 5-11(d)　B3－C 判断矩阵

B3	C9	C10	ω
C9	1	1/2	0.667
C10	1/2	1	0.333
$\lambda_{max}=2$　$C_I=0$　$R_I=0$　$C_R=0<0.1$			

表 5-11(e)　土壤盐渍化危险度指标权重结果

A	B1					B2			B3	
	C1	C2	C3	C4	C5	C6	C7	C8	C9	C10
ω	0.059	0.156	0.207	0.059	0.059	0.095	0.051	0.018	0.198	0.099
	0.540					0.163			0.297	

四、预警结果与分析

首先依据各评价指标的实际数值在表 5-10 和表 5-11(a)～(e)中确定出评价指标和权重。然后根据各评价指标的权重和空间数据叠加分析，分别得到自然因素评价图[图 5-9(c)]、内部因素评价图[图 5-9(d)]和人文因素评价图[图 5-9(e)]。最后在此基础上，通过式(5-3)预测模型获得渭—库绿洲土壤盐渍化程度预警分布图，如图 5-9(b)所示。

图 5-9(c)所示为研究区自然因素评价图。由图中可以看出，整个研究区中大部分地区自然条件比较差。自然条件较好的区域只分布在绿洲西部一带，较差的区域分布在流域东部一带。自然因素危险性从西往东逐渐增加。尤其是东南这一带危险性最大。自然因素危险性从研究区东北向东南方向有增加的趋势。从行政区域来看，自然因素危险性库车县最大，沙雅县其次，新和县最小。

图 5-9(d)所示为研究区内部因素评价图。由图中可以看出，内部因素危险性从研究区西北向东南方向有增加的趋势。从整体上看，研究区内部因素危险性东部高于西部，南部高于北部，东南部高于西北部。从行政区域来看，内部因素危险性与自然因素危险性大致相同，库车县最大，沙雅县其次，新和县较小。

图5-9(e)所示为研究区内人文因素评价图。由图中可以看出，人文因素危险性从研究区西北向东南方向有增加的趋势。从整体上看，研究区人文因素危险性东部高于西部；南部高于北部；东南部高于西北部。从行政区域来看人文因素危险性，库车县最大，沙雅县其次，新和县最小。

图5-9中各警级土地面积的统计结果在表5-12中显示。从图5-9(b)和表5-12中可以看出，整个渭—库绿洲土壤盐渍化程度较严重。研究区内土壤盐渍化以中警、轻警为主；土壤盐渍化重警区面积占总面积的15%，主要分布在库车河下游东南部一带；中警区占31%，主要分布在塔里木河的北部和渭干河下游一带；轻警区占30%，分布于冲洪积扇下部、库车河两岸和塔里木河灌区；无警区面积较大，占35%，包括冲洪积扇下部和渭干河、库车河中游的平原。从整个研究区来看，盐渍化警区的分布呈现出以下特点：一是盐渍化危险性区域，尤其是中警、重警区呈大面积区域性分布，轻警区呈片状或斑点状断续分布；二是盐渍化警级东部高于西部，北部高于南部。

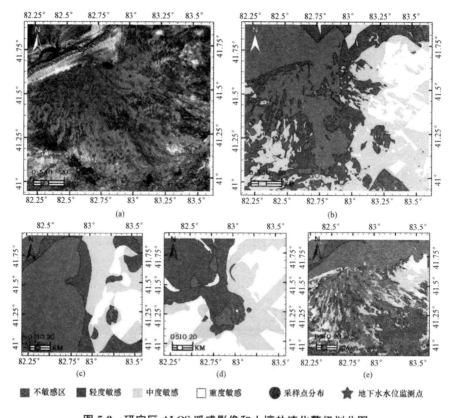

图 5-9　研究区 ALOS 遥感影像和土壤盐渍化警级划分图
(a)研究区遥感影像和监测点分布图；(b)研究区土壤盐渍化警级划分图；
(c)自然因素评价图；(d)内部因素评价图；(e)人文因素评价图

表 5-12 研究区各警级盐渍化土地面积及比例 km²；%

敏感性等级	库车县	新和县	沙雅县	整个绿洲
无警（Ⅰ级）	750；27	1 139；40	910；33	2 799；35
轻警（Ⅱ级）	1 289；37	605；18	1 555；45	3 449；30
中警（Ⅲ级）	1 781；50	222；6	1 532；43	3 535；31
重警（Ⅳ级）	1 485；89	50；3	125；8	1 660；15
合计	5 303；46	2 016；18	4 122；36	11 443；100

渭—库绿洲盐渍化土壤在分布的广度和盐渍化程度上存在明显的区域差异性。从行政区域上（表5-12）看，库车县需要预警的面积最大，占研究区总面积的46%；其次为沙雅县，需要预警的面积占研究区总面积的36%；新和县需要预警的面积最小，占研究区总面积的18%。

导致土壤盐渍化的自然因素和人文因素往往相互交织、互相影响，而且缺乏长期的实验观测和足够的数据支持，因此，盐渍化预警指标的选取和权重的确定易受专家主观影响。因此，本研究的预测模型还有待于对其他区域盐渍化预警进行评价时加以检验。

第六章　土壤盐渍化遥感监测与预警网络传输系统开发

目前，新疆地区土壤盐渍化治理资料，如作物、水分、盐分、土壤、气候等的数字化、智能化和计算机决策自动化技术基础研究薄弱，另外，遥感监测的各种研究结果，以及各种决策方案在此方面也比较薄弱，存在着传输时效差、传播不畅、信息覆盖面有限、受各种制约条件限制等问题。但只要各级政府和广大群众及时准确地掌握和利用土壤盐渍化预警预报信息，进行预测评估分析，通过科学合理的调度，有效应急处置，按照既定土壤盐渍化应急预案部署实施，就能最大限度地减少土壤盐渍化影响。因此，预防和减轻土壤盐渍化危害，广大群众必须掌握及时获取这些信息的有效和可靠途径。

互联网和 Web GIS 技术的高速发展为实现土壤盐渍化的实时预警预报传输提供了强大的技术手段。因此，建立基于 Web GIS 技术的土壤盐渍化遥感监测网络传输系统具有广阔的应用前景和成熟的技术平台。国内外 Web GIS 技术在研究领域的应用较成熟的地方主要体现在土地荒漠化预警系统的开发、地质灾害预警系统的建立、环境污染事故预警与应急指挥系统的建立、滑坡灾害分析预测与管理、国土资源管理、水资源管理、导航系统设计等领域。

本研究根据新疆土壤盐渍化危害的现状，从监测数据入手，采用 GIS 技术和 Internet 网络平台相结合的方法，实现了土壤盐渍化监测和预警结果的智能化存储、分析、表征、发布和共享。

第一节　Web GIS 概述

一、Web GIS 的定义

Web GIS（网络地理信息系统）是建立在 Web 技术上的一种特殊环境下的地理信息系统，是从单机及主从式计算机上转移到网络环境下的地理信息系统的泛称，它强调地理信息系统的工作环境是网络。Web GIS 是基于网络的客户机/服务器（Client/Server）分布式系统，以 Web 页面作为 GIS 软件的用户界面，将 Internet 和 GIS 技术结合在一起，能够进行交互操作。在 Web GIS 中，用户通过访问

Internet 可以从任意一个节点浏览 Web GIS 站点中的数据、制作专题地图，以及进行各种空间检索和分析。与传统 GIS 相比，二者的主要区别见表 6-1。

表 6-1 Web GIS 与传统 GIS 的比较

项 目	Web GIS	传统 GIS
平台	Internet 等网络平台	内部局域网或单机
资源分布范围	分布式，区域化和全球化	封闭式，多集中于某个部门
服务对象	大众化，Internet 用户群	专业性较强，服务特定的部门
用户使用成本	较低	高
系统效率	高，充分利用网络资源	较低，造成信息孤岛、资源浪费
核心技术	分布式计算技术，海量数据存储、检索等技术，网络技术	空间数据表达、空间数据存储与管理技术、数据分析技术

二、Web GIS 的特点

GIS 与 Intemet 的结合将地理信息发布于国际互联网上，为现有的信息服务行业注入了新的血液，GIS 将不再是专业人员的特殊工具。Web GIS 已成为今后 GIS 发展的主要趋势。与传统的基于桌面或局域网的 GIS 相比，Web GIS 具有以下优点。

1. 访问范围广

客户可以同时访问多个位于不同地方的服务器，获取最新数据，而这一 Internet/Intranet 所特有的优势大大方便了 GIS 的数据管理，使分布式的多数据源的数据管理和合成更易于实现。

2. 平台独立性

无论客户机/服务器是何种机器，无论 Web GIS 服务器端使用何种 GIS 软件，由于使用了通用的 Web 浏览器，用户都可以透明地访问 Web GIS 数据，在本机或某个服务器上进行分布式部件的动态组合和空间数据的协同处理与分析，实现远程异构数据的共享。

3. 可以大规模降低系统成本

普通 GIS 在每个客户端都要配备昂贵的专业 GIS 软件，而用户使用的经常只是一些最基本的功能，这实际上造成了极大的浪费。Web GIS 在客户端通常只需使用 Web 浏览器(有时还要加一些插件)，其软件成本与全套专业 GIS 相比明显要节省得多。另外，由于客户端的简单性而节省的维护费用也不容忽视。

4. 操作简单

要广泛推广 GIS，使 GIS 系统为广大的普通用户所接受，而不仅仅局限于少数受过专业培训的专业用户，就要降低对系统操作的要求。通用的 Web 浏览器无疑是降低操作复杂度的最好选择。

5. 平衡高效的计算负载

传统的 GIS 大都使用文件服务器结构的处理方式，其处理能力完全依赖客户端，效率较低。而当今一些高级的 Web GIS 能充分利用网络资源，将基础性、全局性的处理交由服务器执行，而对数据量较小的简单操作则由客户端直接完成。这种计算模式能灵活高效地寻求计算负荷和网络流量负载在服务器端和客户端的合理分配，是一种较理想的优化模式。

三、几种流行的 Web GIS 软件比较

Web GIS 软件很多，比较流行的有 ESRI 的 Map OhiectS IMS 和 ARC IMS、MapInfo 公司的 MapXtreme、Intergraph 公司的 GeoMedia Web Map 以及著名的 CAD 厂商 Autodesk 公司推出的 Mapguide，还有国产的 GeoSurf 等。这些软件在不同程度上也都提供了二次开发的方法，归纳起来，流行的主要有 API（Application Programming Interface）和类（类是一种复杂的数据类型，它是将不同类型的数据和与这些数据相关的操作封装在一起的集合体）、ActiveX 控件及 JavaBean（描述 Java 的软件组件模型，类似于 Microsoft 的 DCOM 组件）三种方法。API 和类方法是通过内嵌在浏览器中的 GIS 函数对象与 JavaScript（是被嵌入 HTML 代码中，并且由浏览器来执行的居于 Java 程序语言的脚本语言）或 VBScript（Microsoft Visual Basic Scripting Edition）对象完成通信。API 和类函数具有矢栅地图显示、GIS 实体选择、查询、图层控制、报表和缓冲分析等功能。而 ActiveX 控件和 JavaBean 都属于组件的设计方法，只是不同语言的具体实现（表 6-2）。

表 6-2　几种流行的 Web GIS 软件比较

项　目	MapInfo Pro Server	Geo Media Web Map	Internet Map Server（IMS）	Map Guide	Model Server/ Discovery
公司	MapInfo Corp.	Intergraph Corp.	ESRI Inc.	Autodesk	Bently
服务器 操作系统	Windows NT/XP	Windows NT	Windows NT	Windows NT	Windows NT
Web 服务器	支持 CGI 的 Web Server	Internet Information Server	Internet Information Server 或者 Netscape Server	支持 CGI 的 Web Server	Netscape Server
其他服务器端软件	ODB，MapInfo 4.x，MapBasic	ODBC	ArcView 或 MapObjects 应用、ODBC	ODBC	MicroStation GeoGraphics ODBC

续表

项　目	MapInfo Pro Server	Geo Media Web Map	Internet Map Server(IMS)	Map Guide	Model Server/ Discovery
客户端操作系统	Windows、Macintosh、UNIX	Windows NT/95	Windows 系列、acintosh、UNIX	Windows NT/95	Windows 系列、acintosh、UNIX
客户端浏览器	支持 HTML 的任意浏览器	IE、Netscape Navigator	支持 HTML 的任意浏览器	IE、Netscape Navigator	IE、Netscape Navigator
客户端是否需要插件(plug－in)/控件（control)	不需要	如果使用 Netscape Navigator 浏览器，需要安装 ActiveCGM 插件，如果使用 Internet Explorer 浏览器，会自动下载 ActiveCGM 控件	自动下载 Java Applet 或者 ActiveX 控件	需要安装 MapGuide 插件（1 兆左右）	需要 VRML、CGM、SVF 等插件
网络传递的图形格式	JPEG(栅格图)	ActiveCGM（栅格图和矢量图）	JPEG/GIF(栅格图)	MWF（矢量图）	JPEG、 PNG、VR-ML、 CGM、SVF
地图预出版处理	动态生成地图	动态生成地图	动态生成地图	需地图预出版处理	动态生成地图
可发布的数据格式	MapInfo 地图文件	MGE 工程、MicroStation DG、FRAM-EMG-EDM 文件、ArcView Shape 文件、Arc/Info Coverage、SDO	ArcViewShape 文件、Arc/Info Coverage、SDE 地图文件、Autodesk DWGfont	Autodesk-DWG	GeoGraphics 工程文件、MicroStation 设计文件

第二节　系统设计

一、系统开发的指导原则

在本系统研究过程中遵循了软件设计与开发的原则：①系统的适宜性；②客户适度参与原则；③模型分析的有效性原则；④系统集成性原则及开放性；⑤可扩展性原则；⑥系统稳定性原则。

二、系统目标

(1)建立干旱区土壤盐渍化遥感监测数据和结果网络实时传输体系,为系统提供实时数据源以及网络发布和运行环境。

(2)构建 Web GIS 支持下的土壤盐渍化监测数据库。

(3)结合专门的模型,进行土壤盐渍化区域和程度预测、预报和预警等。

(4)研究基于 GIS 的时空分析功能,对各种土壤盐渍化监测数据进行统计分析。

三、系统开发的模式

本系统采用目前系统开发中使用最广泛的浏览器/服务器(Browser/Server, B/S)开发模式。采用此种模式是为了充分发挥 Internet 所带来的优势。它是随着 Hiternet 技术的兴起,对 C/S 结构的一种变化或者改进的结构。在这种结构下,用户工作界面通过 WWW 浏览器来实现,极少部分事务逻辑在前端(Browser)实现,主要事务逻辑在服务器端(Server)实现。B/S 结构维护和升级方式简单,无论用户的规模多大,所有的操作只需要针对服务器进行;采用 B/S 结构的网络应用,并通过 Internet 模式应用数据库,成本较低;在 Java 这样的跨平台语言出现之后,B/S 架构更是方便、快捷、高效。因此,本系统采用基于 B/S 的结构。详细体系结构如图 6-1 所示。

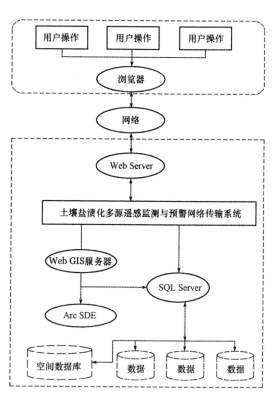

图 6-1 系统开发模式

四、系统数据源

本系统数据源主要包括地图数据和属性数据。地图数据一般采用 ESRI 的 Shape 文件格式;属性数据存放于 DBMS 中,包括人文数据、区域社会经济概况、气象条件、地形地貌、农业状况、土壤盐渍化野外监测数据(图片、文字描述)、土壤盐渍化遥感监测数据、土壤光谱数据、研究成果数据等与土壤盐渍化相关的资料。

五、系统功能分析

根据系统的开发思路和目标，系统的主要功能包括以下 4 个方面。

1. 数据采集模块

土壤盐渍化遥感监测与预警网络传输系统数据采集模块是基于 Web 的在线数据录入方式进行操作，用户根据权限对系统进行数据上传和下载。

2. 数据管理模块

系统数据管理是通过用户身份验证来进行，不同的用户有不同的数据管理权限，当进入数据管理模块时，用户根据自己的权限对数据进行查询、删除、修改等相应数据管理的操作。

3. 信息查询模块

用户根据自己的权限访问土壤盐渍化监测数据库，可以进行空间数据与属性数据的双向查询，全面了解和详细分析目前的土壤盐渍化管理信息。

4. 土壤盐渍化动态信息发布和预警模块

本系统的土壤盐渍化动态信息发布和预警模块是通过空间数据直观、具体地表示土壤盐渍化时空动态变化及其规律，并结合预测模型，进行土壤盐渍化预测、土壤盐渍化区域和程度预警等，实现土壤盐渍化预警系统的实时显示、放大、缩小、平移、查询、打印和图层控制等功能。系统总体可分为表现层、应用逻辑层与数据层三个层次。图 6-2 所示为系统功能结构图。

六、系统数据库设计

系统数据库是基于 Web GIS 的各应用系统最核心的组成部分之一。数据库的建立不仅是系统建立的先决条件，也是系统应用性的保障。Arc SDE 的体系结构如图 6-3 所示。

因此，本系统中使用 ESRI 公司的 Arc SDE 这一空间数据中间产品解决空间数据与属性数据集成问题，库内包含的数据有人文数据、区域社会经济概况、气象条件、地形地貌、农业状况、土壤盐渍化野外监测数据（图片、文字描述）、土壤盐渍化遥感监测数据、土壤光谱数据、研究成果数据等与土壤盐渍化相关的资料和辅助性的基础地形数据。

七、系统总体设计

服务器端采用 Windows 2003 Server，以 Internet Information Services 6.0 作为 Web 服务器。利用 Dreamweaver MX 作为系统界面的开发工具，采用 .NET 语言编写用户界面。将 Microsoft SQL Server 2005 作为数据库服务器，以 Arc

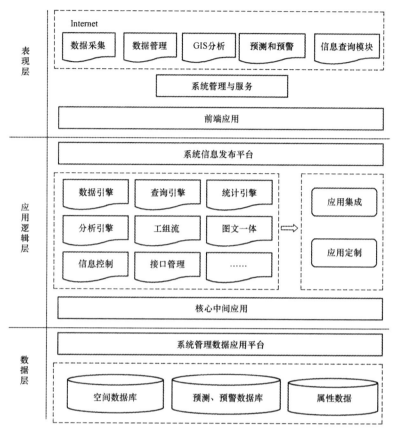

图 6-2　系统功能结构图

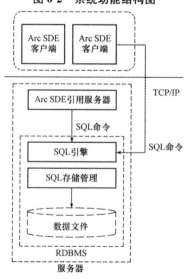

图 6-3　Arc SDE 的体系结构

SDE 为基础，在 Geodatabase 平台上建立土壤盐渍化信息数据库，提供数据输入与输出、数据编辑与更新、数据存储与备份等功能。通过 Arc SDE 服务器向 SQL Server 2005 数据库请求和获得数据库并及时反馈给用户。采用 ESRI 公司的 Arc GIS 作为实现 Web GIS 功能的开发平台，选择 HTML Viewer 作为浏览器定制工具，以 Image Service 作为服务形式，利用 Arc XML 实现客户端用户对数据的查询、浏览、空间分析和预警等功能。在数据处理和分析中，系统借助于 GIS 的空间分析功能，采用空间缓冲区分析、叠加分析等技术，并运用评价模型，实现土壤盐渍化监测信息的实时评价和预警。在进行监测要求和盐渍化信息的网络发布时，系统采用 Web GIS 技术，通过 Arc GIS 软件平台向空间服务器发送数据请求，进行数据库操作，将操作的结果传送给 Arc GIS 的空间服务器和应用服务器处理，最终将处理的结果传给客户端，从而向监测单位发布监测数据和污染信息。根据以上方案做出本研究的总技术路线，如图 6-4 所示。

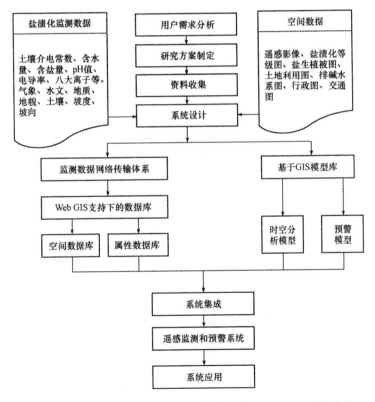

图 6-4　土壤盐渍化遥感监测与预警网络传输系统开发技术路线

第三节　系统实现

一、系统运行的软硬件环境

运行环境是构建土壤盐渍化多源遥感监测与预警网络传输系统的基础，是整个系统安全可靠的保证。

1. 硬件

主要硬件设备包括数据库服务器、网络服务器、客户计算机等。数据库服务器和网络服务器基本配置是奔腾处理器 4、1G RAM 或以上、100 G 以上硬盘、输入和输出设备、光驱、移动存储器等。客户计算机配置要相对较低。

2. 软件

主要软件包括 Microsoft Windows Server 2003 操作系统（服务器端），Windows XP Professional（客户端），SQL Server 2000 以上，Net 开发平台，Internet Information Services（IIS）最新版本，ESRI 公司的 Arc GIS、Arc SDE，Microsoft Internet Explorer 6.0 或以上版本的浏览器等。

二、系统主要功能实现和展现

界面美观、操作易用性、维护成本低是评价 B/S 系统的关键。本系统坚持图形用户界面（GUI）设计原则，界面直观，对用户透明。用户接触软件后对界面上对应的功能一目了然，不需要多少培训就可以方便使用本应用系统。系统主界面通过 HTML 页面连接到本系统，系统登录界面如图 6-5 所示。本系统主要包含四个功能模块，即数据采集模块、数据管理模块、信息查询模块、动态信息发布和预警模块。图 6-6 所示为系统主界面。下面就这四部分功能模块的设计开发作简要介绍。

图 6-5　系统登录界面

图 6-6　系统主界面

1. 数据采集模块

土壤盐渍化多源遥感监测与预警网络传输系统数据采集模块是基于 Web 的在线数据录入方式进行操作，数据的录入和上传都是在连接 Internet 的情况下进行的。用户通过专用用户名和密码进入系统，进入本监测站点的用户空间，在相应的网页上录入监测数据；确认录入的数据后，直接保存在系统的数据服务器中，输入的信息在系统主界面可以显示。如图 6-7 所示。

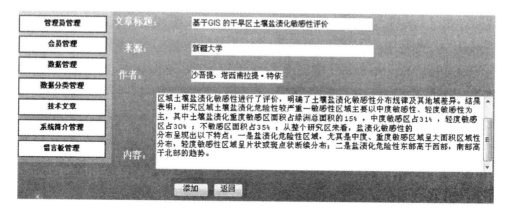

图 6-7　数据采集模块界面

2. 数据管理模块

对数据操作员设有数据管理模块，主要是对各种土壤盐渍化监测数据进行管理。进入数据管理模块时，系统要验证身份，用户登录后根据自己的权限对数据进行查询、删除、修改等相应数据管理的操作，如图 6-8 所示。这种分级机制避免了一般用户随意更改数据库的内容，提高了系统的安全性和可靠性。

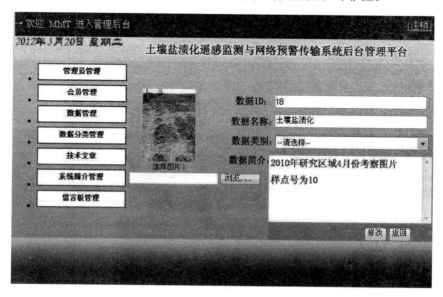

图 6-8　数据管理模块界面

3. 信息查询模块

在信息查询模块用户可根据自己的权限，直接通过 Internet 访问土壤盐渍化监测数据库，快速地对目前的土壤盐渍化管理信息进行全面了解和详细分析，通过查询工具中各种查询方法可方便地得到想要的数据和信息。如图 6-9 所示。

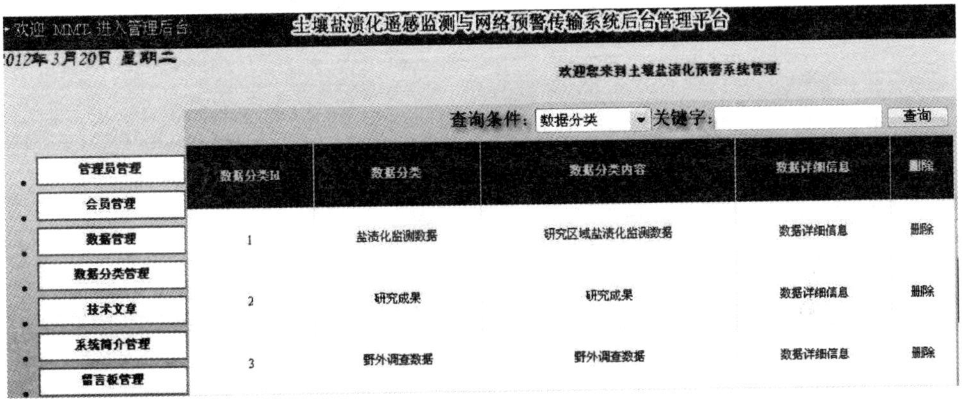

图 6-9　信息查询模块界面

4. 动态信息发布和预警模块

系统动态信息发布和预警模块通过空间数据直观、具体地表示土壤盐渍化在不同的时间其危害范围在空间的变化情况，可以从中发现盐渍化随时间变化的空间危害的规律，结合相关预测模型，能够进行土壤盐渍化预测、土壤盐渍化区域和程度预警等，实现土壤盐渍化预警系统的实时显示、放大、缩小、平移、查询、打印和图层控制等功能。主要实现三个空间分析功能：单要素评价、多要素综合评价、区域综合评价和预警。

(1)单要素评价基于数据库中的评价信息，由客户端和服务器交互完成评价结果图形的渲染，评价结果用不同的符号区分。

(2)多要素综合评价结果利用 Arc Map 生成标准的专题图，连接到系统中。这种方法灵活、安全、易于数据的更新，且评价模型改变不会影响整个系统的运行。

(3)区域综合评价功能是由监测点位的盐渍化信息通过专业的盐渍地统计分析模型预测出整个区域的盐渍化情况，对盐渍化严重的区域提出预警，为土地资源管理部门的决策提供支持。主要功能实现的部分效果如图 6-10 所示。

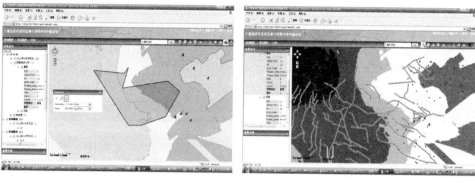

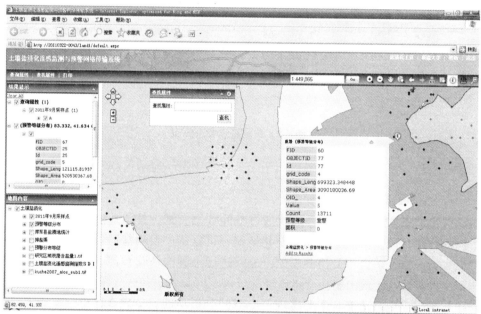

图 6-10　动态信息发布和预警模块界面和部分功能

　　本研究引入 Web GIS 和 Internet 技术，并从理论和技术两个角度研究与分析了土壤盐渍化遥感监测与预警网络传输系统的实现原理及技术。本系统界面清晰、操作性强、方便实用，可为土地资源管理部门提供基础技术资料，对提高决策的实时性、科学性与有效性和加强土壤盐渍化信息资源的计算机管理水平具有重要意义。

参考文献

References

[1] Paulo A A, Ferreira E, Coelho et al. Drought class transition analysis through Markov and Loglinear models, an approach to early warning[J]. Agricultural Water Management, 2005(77): 59-81.

[2] Amrita G deSoyza, Walter G Whitford, Jeffrey E Herrick. Early warning indicators of desertication: examples of tests in the Chihuahuan Desert[J]. Journal of Arid Environments , 1998 (39): 101-112.

[3] Bao B R M, Sankar T R, Dwivedi R S, et al. Spectral Behavior of salt-affected soils [J]. International Journal of Remote Sensing, 1995, 16 (12): 2125-2136.

[4] Brest Christopher L. Deriving surface albedo measurement form narrow band satellite data [J]. International Journal of Remote Sensing, 1987 (8): 351-367.

[5] Bui E N, Henderson B L. Vegetation indicators of salinity in northern Queensland [J]. Austral Ecology, 2003(28): 539-552.

[6] Carlson T N, Gillies R R, Schmugge T J. An interpretation of methodologies for indirect measurement of soil water content[J]. Agricultural and Forest Meteorology, 1995(77): 191-205.

[7] Carlson T N, Perry E M, Schmugge T J. Remote estimation of soil moisture availability and fractional vegetation cover for agricultural fields[J]. Agricultural and Forest Meteorology, 1990(52): 45-69.

[8] Chen J H, Kan C E, Tan C H, et al. Use of spectral information for wetland evapotranspiration assessment [J]. Agricultural Water Management, 2002 (55): 239-248.

[9] Clemente R S, Prasher S O, Bonnell R. Application of pestfade to simulate salt movement in soils[J]. Canadian Water Resources Journal, 1997, 22(2): 167-181.

[10] Bell D, Menses C, Ahmad W, et al. The application of dielectric retrieval algorithms for mapping soil salinity in a tropical coastal environment using airborne polarimetric SAR[J]. Remote Sensing of Environment, 2001 (75):

375-384.

[11] Wang D，Wilson C，Shannon M C. Interpretation of salinity and irrigation effects on soybean canopy reflectance in visible and near infrared spectrum domain [J]. International Journal of Remote Sensing，2002，23(5)：811-824.

[12] Dehaan R L，Taylor G R. Field-derived spectra of salinized soils and vegetation as indicators of irrigation-induced soil salinization[J]. Remote Sensing of Environment，2002(80)：406-418.

[13] Dobson M C，Ulaby F T，Pierce L E. Land-cover classification and estimation of terrain attributes using synthetic aperture radar[J]. Remote Sensing of Environment，1995(51)：199-214.

[14] Dregne H E. Desertification of arid lands [M]. New York：Harwood Academic Publishers，1983.

[15] Dvived R S，Sreenivas K，Ramana K V，et al. An inventory of salt affected soils and waterlogged areas：A remote sensing approach [J]. International Journal of Remote Sensing，1999，20(8)：1589-1599.

[16] Dwivedi R S. Monitoring and the study of the effects of image scale on delineation of salt-affected soils in the Indio-Gangetic Plains [J]. International Journal of Remote Sensing，1992，13(8)：1527-1536.

[17] Dwivedi R S，Rao B R M. The selection of the best possible Landsat TM band combination for delineating salt-affected soils[J]. International Journal of Remote Sensing，1992，13(11)：2051-2058.

[18] Dwivedi R S，Sreenivas K. Delineation of salt-affected soils and waterlogged areas in the Indo-Gangetic Plains using ERS-1C，LISS-III [J]. International Journal of Remote Sensing，1998，19(14)：2739-2751.

[19] Dwivedi R S，Ramana K V，Thammappa S S，Singh A N. Mapping salt-affected soils from IRS-1C LISS-III and PAN data. Photogrammetric Engineering and Remote Sensing [J]. 2001(67)：1167-1175.

[20] Dwivedi R S，Sreenivas K. Image transforms as a tool for the study of soil salinity and alkalinity dynamics[J]. International Journal of Remote Sensing，1998，19(4)：605-619.

[21] Farifteh J，Farshad A，George R J. Assessing salt-affected soil using remote sensing，solute modelling and geophysics [J]. Geoderma，2006（130）：191-206.

[22] Farifteh J，Van der Meer F，Atzberger，et，all. Quantitative analysis of

salt-affected soil reflectance spectra: A comparison of two adaptive methods (PLSR and ANN). Remote Sensing of Environment [J]. 2007(100): 59-78.

[23] Fouad Al-Khaier. Soil Salinity Detection using satellite remote sensing [D]. International institute for Geo-information science and earth observation, enschede, the Netherlands, 2003.

[24] Fouad Al-Khaier. Soil Salinity Detection Using Satellite Remote Sensing [J]. International Institute For Geo Information Science And Earth Observation Enschede, 2003.

[25] Freeman A, Villasenor J, Klein J D, Hoogeboom P, Groot J. On the use of multi-frequency and polarimetric radar backscatter features for classification of agricultural crop [J]. International Journal of Remote Sensing, 1994, 15(9): 1799-1812.

[26] Metternicht G I. Fuzzy classification of JERS-1 SAR data an evaluation of its performance for soil salinity mapping[J]. Ecological Modelling, 1998(111): 61-74.

[27] Geoffrey R Taylor, Abdul lah H Mah. Characterization of saline soils using airborne radar Imagery [J]. Remote Sens. Eviron, 1996(57): 127-142.

[28] Ghulam A, Qin Q, Zhan Z. Designing of the Perpendicular Drought Index (PDI) [J]. Environmental Geology, 2007(52): 1045-1052.

[29] Gillies R R, Carlson T N. Thermal remote sensing of surface soil water content with partial vegetation cover for incorporation into climate models[J]. Journal of Applied Meteorology, 1995(34): 745-756.

[30] Graciela Matternicht, Alfred Zinck J. Remote Sensing of soil salinization-impact on land Management [M]. New York: CRC press, 2008.

[31] Hall David L, Llinas James. An Introduction to Multi-sensor Data Fusion[J]. Proceedings of IEEE, 1997, 85(1): 6-23.

[32] Hellmann M, Cloude S R, Papathanassiou K P. Classification Using Polarimetric and Interferometric SAR Data[C]. IEEEIGARSS'97, 1997: 1411-1413.

[33] Hisao N. Sensitivity and stability of flow networks[J]. Ecological Modeling, 1992(62): 123-133.

[34] Kalra N K, Joshi D C. Potentiality of Landsat, Spot and IRS satellite images, for recognition of salt-affected soils in Indian arid zone [J]. International Journal of Remote Sensing, 1996, 17(15): 3001-3014.

[35] Lemoine G G, Grandi G F D, Sieber A J. Polarimetric contrast classification

of agriculture fields using MAESTRO 1 AIRSAR data [J]. International Journal of Remote Sensing，1994，15(14)：2851—2869.

[36] Liang. Narrow band to broadband conversions of land surface albedo：Algorithms[J]. Remote Sensing of Environment，2001，76(2)：213-238.

[37] Liu J G. Smoothing filter-base dintensity modulation：a spetral preserve image fusion technique for improving spatial details[J]. International Journal of Remote Sensing，2000，20(18)：3641-3472.

[38] Salvati L，Bajocco S. Lans sensitivity to desertification across Italy：past，present，and future[J]. Applied Geography，2011，(31)：223-231.

[39] Mamat Sawut，Abduwasit Ghulam，Tashpolat Tiyip，Yan-junZhang，Jian-li Ding，Fei Zhang，Matthew Maimaitiyiming. Estimating soil sand content using thermal infrared spectrain arid lands[J]. International Journal of Applied Earth Observation and Geoinformation，2014，(33)：203-210.

[40] Mamat Sawut，Mamattursun Eziz，Taxpolat Tiyip. The effects of land-use change on ecosystem service value of desert oasis：a case study in Ugan-KuqaRiver Delta Oasis，China[J]. 2013，1(93)：353-358.

[41] Molly E Brown. Famine Early Warning Systems and Remote Sensing Data [M]. New York：CRC press，2008.

[42] Monia Santini，et al. A multi-component GIS framework for desertification risk assessment by an integrated index[J]. Applied Geography，2010(30)：394-415.

[43] Moran M S，Rahman A F，Washburne J C，et al. Combining the Penman-Monteith equation with measurements of surface temperature and reflectance to estimate evaporation rates of semi-arid grassland[J]. Agricultural and Forest Meteorology，1996(80)：87-109.

[44] Rodríguez P G，González M P，Zaballos A G. Mapping of salt-affected soils using TM images[J]. International Journal of Remote Sensing，2007，28 (12)：2713-2722.

[45] Pohl C，Van Genderen J L. Multisensor image fusion in remote sensing：concepts，methods and applications [J]. International Journal of Remote Sensing，1998，19(5)：823-854.

[46] Pradhan B，Singh R P，Buehroithner M F. Estimation of stress and its use in evaluation of landslide prone regions using remote sensing data[J]. Advance in Space Research，2005：1-12.

[47] Price J C. Using spatial context in satellite data to infer regional scale evapo-transpiration[J]. IEEE Transactions on Geoscience and Remote Sensing, 1990(28): 940-948.

[48] Rao B R M, Dwivedi R S, et al. An inventory of salt affected soils and water-logged areas in the Nagarajunsagar canal command area of southern India, u-sing space-borne multi-spectral data [J]. Land degradation and Development, 1998(9): 357-367.

[49] Ridd M K. Exploring a V-I-S(vegetation-impervious surface-soil)Model for ur-ban ecosystem analysis through remote sensing: comparative anatomy of cit-ies[J]. International Journal of Remote Sensing, 1995, 16(2): 2165-2185.

[50] Roerink G J, Su Z, Menenti M. S-SEBI: A simple remote sensing algorithm to estimate the surface energy balance[J]. Physicsand Chemistry of the Earth: Hydrology Oceans and Atmosphere, 2000(25): 147-157.

[51] Sandholt I, Rasmussen K, Andersen J. A simple interpretation of the surface temperature/vegetation index space for assessment of soil moisture status[J]. Remote Sensing of Environment, 2002(79): 213-224.

[52] Silvestri S, Marani M, Settl J, Benvenuto F, Marani A. Salt marsh vegeta-tion radiometry Data analysis and scaling[J]. Remote Sensing of Environ-ment, 2002 (80): 473-482.

[53] Sobrino J A, Gomez M, Jimenez-Munoz J, et al. A simple algorithm to esti-mate evapotranspiration from DAIS data: Application o the DAISEX cam-paigns[J]. Journal of Hydrology, 2005(315): 117-125.

[54] Taylor G R, Mah A H, et al. Characterization of saline soils using Airbrone Radar Imagery [J]. Remote Sensing of Environment, 1996, 57 (3): 127-142.

[55] Fei Zhang, Taxpolat Tiyip, Hsiang te Kung, Jian-li Ding, Mamat Sawut. A Method of Soil Salinization Information Extraction with SVM Classfication Based on ICA and Texture Features[J]. Agricultural Science and Technology, 2011, 12(7): 1046-1074.

[56] Ulaby, 等. 微波遥感[M]. 黄培康, 等, 译. 北京: 科学出版社, 1982.

[57] 卞建民, 汤洁, 林年丰. 松嫩平原西南部土地碱质荒漠化预警研究[J]. 环境科学研究, 2001, 14(6): 47-49.

[58] 曾琪明. 合成孔径雷达遥感信息原理及应用简介(三)[J]. 遥感信息, 1998(2), 43-47.

[59] 曾永年，向南平，冯兆东，等．Albedo-NDVI特征空间及沙漠化遥感监测指数研究[J]．地理科学，2006，26(1)：75-81.

[60] 曾志远．卫星图像土壤类型自动识别与制图的研究：Ⅱ．自动识别结果的成图及其与常规土壤图的比较[J]．土壤学报，1985，22(3)：265-274.

[61] 曾志远．卫星图像土壤类型自动识别与制图的研究：Ⅰ计算机分类及其结果的光谱学和地理学分析[J]．土壤学报，1984，21(2)：183-193.

[62] 陈秋晓．基于多特征的遥感影像分类方法[J]．遥感学报，2004，8(5)：239-245.

[63] 陈述彭，童庆禧，郭华东，等．遥感信息机理[M]．北京：科学出版社，1998.

[64] 陈小兵，杨劲松，杨朝晖，等．渭干河灌区灌排管理与水盐平衡研究[J]．农业工程学报，2008，24(4)：59-65.

[65] 陈云浩，冯通，史培军，等．基于面向对象和规则的遥感影像分类研究[J]．武汉大学学报(信息科学版)，2006，31(4)：316-320.

[66] 陈正江，汤国安，任晓东．地理信息系统设计与开发[M]．北京：科学出版社，2005.

[67] 陈忠．高分辨率遥感图像分类技术研究[D]．北京：中国科学院研究生院(遥感应用研究所)，2006.

[68] 戴昌达，姜小光，唐伶俐．遥感图像应用处理与分析[M]．北京：清华大学出版社，2004.

[69] 戴昌达，杨瑜，石晓日．黄淮海平原低产土壤的遥感清查[J]．环境遥感，1986，1(2)：81-91.

[70] 戴长雷，迟宝明．基于GIS的地下水信息管理系统分析[[J]．世界地质，2004(6)：158-162.

[71] 杜培军．Radarsat图像滤波的研究[J]．中国矿业大学学报，2002，31(2)：132-137.

[72] 方圣辉，舒宁，巫兆聪．SAR影像去噪声方法的研究[J]．武汉测绘科技大学学报，1998，23(3)：215-218.

[73] 傅伯杰．区域生态环境预警的原理与方法[J]．资源开发与保护，1991，7(3)：138-141.

[74] 高伟．基于特征知识库的遥感信息提取技术研究[D]．北京：中国地质大学，2010.

[75] 关文彬，谢春华，孙保平，等．荒漠化危害预警指标体系框架研究[J]．北京林业大学学报，2001，23(1)：44-47.

[76] 关元秀，程晓样．高分辨率卫星影像处理指南[M]．北京：科学出版社，2008.

[77] 关元秀，刘高焕，刘庆生，等．黄河三角洲盐碱地遥感调查研究[J]．遥感学报，2001，5(1)：46-52.

[78] 关元秀，王劲峰，刘高焕．黄河三角洲土地盐碱化遥感监测、预测和治理研究[D]．北京：中国科学院地理科学与资源研究所，2001.

[79] 郭华东．航天多波段全极化干涉雷达的地物探测[J]，遥感学报，1997，1(1)：32-39.

[80] 郭华东．雷达对地观测理论与应用[M]．北京：科学出版社，2000.

[81] 郭雷，李晖晖，鲍永生．图像融合[M]．北京：电子工业出版社，2008.

[82] 哈学萍，丁建丽，塔西甫拉提·特依拜，等．基于SI-Albedo特征空间的干旱区盐渍化土壤信息提取研究——以克里雅河流域绿洲为例[J]．土壤学报，2009，46(3)：381-390.

[83] 韩桂红，塔西甫拉提·特依拜，买买提·沙吾提，等．基于典范对应分析的干旱区春季盐渍化特征研究[J]．土壤学报，2012，49(4)：681-687.

[84] 韩桂红，塔西甫拉提·特依拜，买买提·沙吾提，等．渭-库绿洲地下水对土壤盐渍化和其逆向演替过程的影响[J]．地理科学，2012，32(3)：362-367.

[85] 郝毓灵．新疆绿洲[M]．乌鲁木齐：新疆人民出版社，2000.

[86] 何春阳，史培军，陈晋，等．北京地区土地利用/覆盖变化研究[J]．地理研究，2001，20(6)：679-689.

[87] 何祺胜，塔西甫拉提·特依拜，丁建丽．基于决策树方法的干旱区盐渍地信息提取研究——以渭干河—库车河三角洲绿洲为例[J]．资源科学，2006，28(6)：134-140.

[88] 何祺胜．星载雷达图像在干旱区盐渍地信息提取中的应用研究[D]．乌鲁木齐：新疆大学，2007.

[89] 胡平香，张鹰，等．基于主成分融合的盐田水体遥感分类研究[J]．河海大学学报(自然科学版)，2004，32(5)：519-522.

[90] 胡庆荣．含水含盐土壤介电特性试验研究及对雷达图像的响应分析[D]．北京：中国科学院研究生院(遥感应用研究所)，2003.

[91] 胡召玲．多源多时相卫星遥感图像数据融合与应用研究[M]．徐州：中国矿业大学出版社，2006.

[92] 黄崇福．自然灾害风险评价理论与实践[M]．北京：科学出版社，2005.

[93] 霍东民，张景雄，张家柄．利用CBERS-1卫星数据进行盐碱地专题信息提取研究[J]．国土资源遥感，2001，18(2)：48-52.

［94］贾永红．TM 和 SAR 影像主分量变换融合法[J]．遥感技术与应用，1998，13（1）：45-47.

［95］贾永红．多原遥感影像数据融合技术[M].北京：测绘出版社，2005.

［96］贾永红．多源遥感影像数据融合方法及其应用的研究[D].武汉：武汉大学，2001.

［97］江红南，塔西甫拉提·特依拜，徐佑成，等．于田绿洲土壤盐渍化遥感监测研究[J]．干旱区研究，2007(2)：34-39.

［98］江红南．基于 3S 技术的干旱区土壤盐渍化时空演变研究[D].乌鲁木齐：新疆大学，2007.

［99］康耀红．数据融合理论与应用[M]．西安：西安电子科技大学出版社，1997.

［100］亢庆，于嵘，张增祥，等．土壤盐碱化遥感应用研究进展[J]．遥感技术与应用，2005，20(4)：447-455.

［101］库车县水利志编纂委员会．库车县水利志[M].乌鲁木齐：新疆科技卫生出版社，1993.

［102］李传荣．SAR 应用中的前期处理[M].北京：科学出版社，1996.

［103］李春升，燕英，陈杰，等．高分辨率星载 SAR 单视图像斑点噪声抑制实现方法[J]．电子学报，2000，28(3)：13-16.

［104］李凤全，卞建民，张殿发．半干旱地区土壤盐碱化预报研究——以吉林省西部洮儿河流域为例[J]．水土保持通报，2000，20(2)：1-4.

［105］李凤全，吴樟荣．半干旱地区土地盐碱化预警研究[J]．水土保持通报，2002，22(1)：56-59.

［106］李海涛，Brunner P，李文鹏，等．ASTER 遥感影像数据在土壤盐渍化评价中的应用[J]．水文地质工程地质，2006，5(1)：75-79.

［107］李晓燕，张树文．吉林省大庆市近 50 年土地盐碱化时空动态及成因分析[J]．资源科学，2005，27(3)：92-97.

［108］力华，柳钦火，邹杰．基于 MODIS 数据的长株潭地区 NDBI 和 NDVI 与地表温度的关系研究[J]．地理科学，2009，29(20)：262-267.

［109］廖静娟，郭华东，邵芸．多波段多极化成像雷达图像识别森林类型效果分析[J]．中国图像图形学报，2000(1)：30-33.

［110］廖圣东，廖其芳，李岩，何敬廉．SNB-SAR 数据在大范围水稻种植面积调查中的应用[J].热带地理，2001，21(4)：346-349.

［111］刘敦利．基于栅格尺度的土地沙漠化预警模式研究[D].乌鲁木齐：新疆大学，2010.

[112] 刘光媛，聂庆华，赵明．基于 Arc IMS 开发 Web GIS 的农业环境信息系统研究[J]．地理空间信息，2007，5(1)：40-43.

[113] 刘浩，邵芸，王翠珍．多时相 Radarsat 数据在广东肇庆地区稻田分类中的应用[J]．国土资源遥感，1997(4)：1-7.

[114] 刘庆生，骆剑承，刘高焕．资源一号卫星数据在黄河三角洲地区的应用潜力初探[J]．地球信息科学，2000，2(2)：56-57.

[115] 刘志明，晏明，何艳芬．吉林省西部土地盐碱化研究[J]．资源科学，2004，26(5)：111-116.

[116] 骆玉霞，陈焕伟．GIS 支持下的图像土壤盐渍化分级[J]．遥感信息，2000(4)：12-15.

[117] 买买提·沙吾提，丁建丽，塔西甫拉提·特依拜．多源信息融合技术在干旱区盐渍地信息提取中的应用研究[J]．资源科学，2008，30(5)：792-799.

[118] 买买提·沙吾提，塔西甫拉提·特依拜，丁建丽，鹿岛薰．基于遥感的渭干河库车河三角洲绿洲土地盐渍化监测及成因分析[J]．地理科学，2011，31(8)：976-981.

[119] 买买提·沙吾提，塔西甫拉提·特依拜，丁建丽，张飞．基于 GIS 的干旱区土壤盐渍化敏感性评价——以渭干河—库车河三角洲绿洲为例[J]．资源科学，2011，34(2)：353-358.

[120] 买买提·沙吾提，塔西甫拉提·特依拜，丁建丽．BP 神经网络在渭干河流域土壤盐渍化预测中的应用[J]．新疆农业科学，2013，50(4)：774-779.

[121] 买买提·沙吾提，塔西甫拉提·特依拜，丁健力，张飞，孙倩．面向对象的干旱区盐渍地信息提取方法[J]．中国沙漠，2013，33(5)：1-5.

[122] 买买提·沙吾提，塔西甫拉提·特依拜，张飞，依力亚斯江·努尔麦麦提，买买提·依明．Alos 全色波段与多光谱影像融合方法在盐渍地信息提取中的应用[J]．土壤通报，2012，43(6)：1294-1298.

[123] 买买提·沙吾提，吐尔逊·艾山，塔西甫拉提·特依拜，肉孜麦麦提·米吉提，麦尔耶姆·亚森，依力亚斯江·努尔麦麦提．基于热红外光谱的干旱区土壤盐分监测研究[J]．干旱区地理，2017，40(1)：181-187.

[124] 买买提·沙吾提，塔西甫拉提·特依拜，丁建丽，等．基于遥感的渭干河—库车河三角洲绿洲土地盐渍化监测及成因分析[J]．地理科学，2011，31(8)：976-981.

[125] 买买提依明·买买提，塔西甫拉提·特依拜，买买提·沙吾提，等．基于 6S 模型的遥感数据大气校正应用研究[J]．水土保持研究，2011，18(3)：15-18.

[126] 满苏尔·沙比提，陈冬花．渭干河—库车河三角洲绿洲形成演变和可持续发展研究[J]．资源科学，2005，27(6)：118-124．

[127] 满苏尔·沙比提，帕尔哈提·艾孜木，玉素浦江．渭干河—库车河三角洲绿洲近50年来生态环境变化特征及防治对策[J]．干旱区资源与环境，2004，18(4)：14-16．

[128] 满苏尔·沙比提，热合漫·玉苏甫，阿布拉江·苏莱曼．渭干河—库车河三角洲绿洲土地资源合理利用对策分析[J]．干旱区资源与环境，2004，18(1)：111-115．

[129] 毛炜峄，魏顺芝，谭艳梅，王书峰．渭干河流域上游地表水水质变化分析[J]．干旱区研究，2006，23(3)：392-398．

[130] 木合塔尔·吐尔洪，木尼热·阿布都克力木，西崎·泰．新疆南部地区盐渍化土壤的分布及性质特征[J]．环境科学与技术，2008，31(4)：22-27．

[131] 牛宝茹．塔里木河上游表土积盐量遥感信息提取研究[J]．土壤学报，2005，42(4)：674-677．

[132] 吴加敏，姚建华，张永庭．银川平原土壤盐渍化与中低产田遥感应用研究[J]．遥感学报，2007，11(3)：413-419．

[133] 牛凌宇．多源遥感图像数据融合技术综述[J]．空间电子技术，2005，30(8)：276-281．

[134] 彭望琭，李天杰．TM数据的Kauth-Thomas变换在盐渍土分析中的作用——以阳高盆地为例[J]．环境遥感，1989，4(3)：183-190．

[135] 邵芸，吕远．含水含盐土壤的微波介电特性分析研究[J]．遥感学报，2002(6)：416-423．

[136] 舒宁．微波遥感原理[M]．武汉：武汉大学出版社，2000．

[137] 苏里坦，宋郁东，张展羽．新疆渭干河流域地下含盐量的时空变异特征[J]．地理学报，2003，58(6)：855-862．

[138] 孙家炳，刘继琳，李军．多源遥感影像融合[J]．遥感学报，1998，2(1)：47-50．

[139] 孙倩，塔西甫拉提·特依拜，丁建丽，张飞，买买提·沙吾提．干旱区典型绿洲土地利用/覆被变化及其对土壤盐渍化的效应研究——以新疆沙雅县为例[J]．地理科学进展，2012，31(9)：1213-1223．

[140] 孙倩，塔西甫拉提·特依拜，张飞，丁建丽，买买提·沙吾提．渭干河—库车河三角洲绿洲土地利用/覆被时空变化遥感研究[J]．生态学报，2012，32(10)：3252-3265．

[141] 塔西甫拉提·特依拜，吐尔逊·艾山，海米提·司马义，等．土壤盐渍化遥感监测研究进展综述[J]．新疆大学学报(自然科学版)，2008，25(1)：2-6．

[142] 塔西甫拉提·特依拜，张飞，赵睿，等．新疆干旱区土地盐渍化信息提取及实证分析[J]．土壤通报，2007，38(4)：625-630．

[143] 谭炳香，李增元．SAR 数据在南方水稻分布图快速更新中的应用方法研究[J]．国土资源遥感，2000，3.(15)：24-27．

[144] 谭衢霖，邵芸．雷达遥感图像分类新技术发展研究[J]．国土资源遥感，2001，3(49)，1-7．

[145] 汤洁，卞建民，林年丰，等．GIS-PModflow 联合系统在松嫩平原西部潜水环境预警中的应用[J]．水科学进展，2006，17(4)：483-489．

[146] 唐伶俐，江平，戴昌达，等．星载 SAR 图像斑点噪声消除方法效果的比较研究[J]．环境遥感，1996，11(3)：206-211．

[147] 潘习哲．星载 SAR 图像处理[M]．北京：科学出版社，1996．

[148] 田长彦，周宏飞，刘国庆．21 世纪新疆土壤盐渍化调控与农业持续发展研究建议[J]．干旱区地理，2000，23(2)：177-178．

[149] 吐尔逊·艾山，塔西甫拉提·特依拜，买买提·沙吾提．基于 BP 神经网络的盐碱土盐分反演模型研究[J]．环境污染与防治，2011，33(2)：22-28．

[150] 吐尔逊·艾山．塔西甫拉提·特依拜．买买提·阿扎提，买买提依明·买买提．渭干河灌区地下水埋深与矿化度时空分布动态[J]．地理科学，2011(09)：1131-1137．

[151] 王翠珍，郭华东．极化雷达目标分解方法用于岩性分类[J]．遥感学报，2000，4(3)：219-223．

[152] 王翠珍．极化 SAR 数据分析与目标信息提取[D]．北京：中国科学院遥感应用研究所，1999．

[153] 王广亮，李英成，曾钰，等．ALOS 数据像素级融合方法比较研究[J]．测绘科学，2008，33(6)：121-124．

[154] 王宏卫．干旱区绿洲土壤盐渍化时空动态遥感分析及可持续发展研究——以渭干河—库车河三角洲绿洲为例 [D]．乌鲁木齐：新疆大学，2010．

[155] 王杰生，戴昌达，胡德永．土地利用变化的卫星遥感监测——以河北省南皮县为例[J]．环境遥感，1989，4(4)：243-248．

[156] 王俊卿，刘振红，石守亮．东苗家滑坡体变形监测系统设计[J]．华北水利水电学报，2004，25(4)：52-54．

[157] 王鹏新，龚健雅．基于植被指数和土地表面温度的干旱监测模型[J]．地球科学进展，2003，18(4)：527-533．

[158] 王少华．基于多源遥感数据的矿山开发占地信息提取技术研究[D]．北京：中国地质大学，2011．

[159] 王少丽，杨继富，李杰，等．新疆盐渍化灌区水盐平衡现状及对策[J]．中国农村水利水电，2006(4)：12-15.

[160] 王西川．豫东平原盐渍土的遥感分析[J]．遥感信息，1992(4)：26-29.

[161] 王熙章，吴薇，姚发芬．沙漠化灾害监测评价信息空间数据分类编码研究[J]．中国沙漠，1994，14(1)：41-44.

[162] 王雪梅．干旱区典型绿洲土壤盐渍化及其生态效应研究[D]．乌鲁木齐：新疆大学，2010.

[163] 王洲平．浙江省地质灾害现状及防治措施[J]．灾害学，2001，16(4)：63-66.

[164] 魏丹婷，塔西甫拉提·特依拜，雷磊，张飞，韩桂红，买买提·沙吾提．不同入射角下的雷达后向散射系数图像模拟[J]．遥感信息，2012，27(3)：54-59.

[165] 文宝萍．滑坡预测预报研究现状与发展趋势[J]．地学前缘，1996，3(2)：86-92.

[166] 文斌马，新辉．基于 Web GIS 的流域环境信息系统设计与开发——以江苏省为例[J]．西北大学学报(自然科学版)，2002，32(3)：292-293.

[167] 翁永玲，田庆久．遥感数据融合方法分析与评价综述[J]．遥感信息，2003，(3)：49-53.

[168] 翁永玲，宫鹏．土壤盐渍化遥感应用研究进展[J]．地理科学，2006，26(3)：369-375.

[169] 吴见，彭道黎．基于面向对象的 QuickBird 影像退耕地树冠信息提取[J]．光谱学与光谱分析，2010，30(9)：2533-2536.

[170] 夏军，塔西甫拉提·特依拜，买买提·沙吾提．热红外发射率光谱在盐渍化土壤含盐量估算中的应用研究[J]．光谱学与光谱分析，2012(11)：2956-2961.

[171] 肖鹏峰，刘顺喜，冯学智，等．基于中分辨率遥感图像的土地利用与覆被分类系统构建[J]．中国土地科学，2006，20(2)：33-36

[172] 辛景峰．水稻的农学-微波散射模型方法研究[D]．北京：中国农业大学，1997.

[173] 新疆维吾尔自治区水利厅和新疆水利学会．新疆河流水文水资源[M]．乌鲁木齐：新疆科技卫生出版社，1999.

[174] 徐建华．现代地理学中的数学方法[M]．北京：高等教育出版社，2002.

[175] 徐青，张艳，邢帅，等．遥感影像融合与分辨率增强技术[M]．北京：科学出版社，2007.

[176] 徐新，廖明生，卜方玲. 一种基于相对标准差的 SAR 图像 Speckle 滤波方法[J]. 遥感学报，2000，4(3)：214-217.

[177] 徐新，廖明生，朱攀，等. 单视数 SAR 图像 Speckle 滤波方法的研究[J]. 武汉测绘科技大学学报，1999，24(4)：312-315.

[178] 许迪，王少丽. 利用 NDVI 指数识别作物及土壤盐碱分布的应用研究[J]. 灌溉排水学报，2003，22(6)：5-8.

[179] 许民. 高分辨率遥感影像融合方法研究及融合效果评价[D]. 兰州：兰州大学，2010.

[180] 许志坤. 新疆盐渍土的形成、分类、特点和利用改良[G]//国际盐渍土改良学术讨论会论文集. 北京：北京农业大学出版社，1985(5)：109-112.

[181] 杨德刚，许涛，李秀萍. 新疆绿洲农业、农业产业结构调整方向与途径的重新审视[J]. 干旱区资源与环境，2002(4)：1-8.

[182] 杨劲松. 中国盐渍土研究的发展历程与展望[J]. 土壤学报，2008，45(5)：837-846.

[183] 杨忠. 边坡变形监测与滑坡预报[J]. 露天采矿技术，2003(1)：17.

[184] 依力亚斯江·努尔麦麦提. 雷达与 TM 图像融合及分类的土壤盐渍化信息遥感监测研究[D]. 乌鲁木齐：新疆大学，2008.

[185] 易文斌，蒋卫国，国巧真，等. 基于 ALOS 数据的城市景观格局信息提取研究[J]. 遥感信息，2008(4)：33-35.

[186] 易文斌，唐宏，杨晋科. 面向对象的灾害信息遥感提取框架及其应用[J]. 自然灾害学报，2009，18(5)：157-162.

[187] 殷坤龙. 滑坡灾害预测预报[M]. 北京：中国地质大学出版社，2004.

[188] 詹志明，秦其明，阿布都瓦斯提·吾拉木，等. 基于 NIR-Red 光谱特征空间的土壤水分监测新方法[J]. 中国科学，D 辑：地球科学，2006，36(11)：1020-1026.

[189] 张定祥，刘顺喜，尤淑撑，等. 基于机载成像光谱数据的宜兴市土地利用/土地覆盖分类方法对比研究[J]. 地理科学，2004，24(2)：193-198.

[190] 张东. 浑善达克沙地荒漠化灾害预警指标体系的研究[D]. 北京：北京林业大学，2005.

[191] 张飞，塔西甫拉提·特依拜，丁建丽，何祺胜，田源，买买提·沙吾提. 新疆典型盐渍区植被覆盖度遥感动态监测——以渭干河—库车河三角洲绿洲为例[J]. 林业科学，2011，47(7)，27-35.

[192] 张飞，塔西甫拉提·特依拜，丁建丽，买买提·沙吾提. 实测端元光谱和多光谱图像之间的模拟与细分[J]. 光电工程，2012，39(6)：62-70.

[193] 张飞. 干旱区典型绿洲盐渍地地物光谱特征研究 [D]. 乌鲁木齐：新疆大学，2011.

[194] 张海龙，蒋建军. SAR 与 TM 影像融合及在 BP 神经网络分类中的应用[J]. 测绘学报，2006，35(3)：230-241.

[195] 张恒云，尚淑招. NOAA/AVNRR 资料在监测土壤盐渍化程度中的应用[J]. 遥感信息，1992(01)：26-28.

[196] 张俊，王宝山，张志强. 面向对象的高空间分辨率影像分类研究[J]. 测绘信息与工程，2010，35(3)：4-5.

[197] 张永生，巩丹超. 高分辨率遥感卫星应用[M]. 北京：科学出版社，2004.

[198] 章孝灿，黄智才，赵元洪. 遥感数字图像处理[M]. 浙江：浙江大学出版社，1997.

[199] 赵福军. 遥感影像震害信息提取技术研究[D]. 北京：中国地震局工程力学研究所，2010.

[200] 赵庚星，窦益湘，田文新，等. 卫星遥感影像中耕地信息的自动提取方法研究[J]. 地理科学，2001，21(4)：224-229.

[201] 赵振亮，塔西甫拉提·特依拜，张飞，买买提·沙吾提，等. 塔里木河中游典型绿洲土壤含盐量的光谱特征[J]. 自然灾害学报，2012(05)：72-78.

[202] 周成虎，骆建承. 遥感影像地学理解与分析[M]. 北京：科学出版社，1999.

[203] 朱国宾. 面向多分辨率层次结构的遥感影像分析方法[J]. 武汉大学学报(信息科学版)，2003，28(3)：315-320.

[204] 朱晓玲. Envisat ASAR 数据处理及其在农林资源监测上的应用[D]. 福州：福州大学，2005.

[205] 祝振江. 基于面向对象分类法的高分辨率遥感影像矿山信息提取应用研究[D]. 北京：中国地质大学，2010.